Chef Croto

El Extraño Recetario del Chef Croto

Emporio Celestial de Preparaciones Benévolas

2020

© 2020 Chef Croto

Publicado por El Bajista Grosero

Prefacio

- ¿Qué es esto?
- Un libro de cocina
- ¿Otro libro de cocina? ¿En serio me lo está diciendo?
- Me temo que si. Disculpe.
- No sé si es como para disculparse, pero ¿Qué lo llevó a pensar que otro libro de cocina puede aportar algo que no hayan dicho Paul Bocuse, Ketty de Pirolo, Harold McGee y Petrona C. de Gandulfo? ¿Eh?
- No sé, pero ¿Usted sabía que la 'C.' de Petrona C. de Gandulfo es por Carrizo?
- No. Tampoco se si es cierto y en todo caso no le veo ninguna utilidad.
- Tómeselo con tranquilidad. Le juro que es por Carrizo y no le ve la utilidad porque no la tiene. Y ahora que lo pienso, parece que usted es una persona muy pragmática, y en ese caso, le aviso que no es a gente como usted a quien está dirigido este libro.
- ¿Qué me quiere decir?
- Le quiero decir que si buscaba un libro que le sirva de ayuda memoria para hacer un Boef Bourguignon, mejor busque en internet. Va a ser más rápido, puede llegar a ver a un chef

profesional haciéndolo como corresponde y además yo no voy a tener que atender quejas acerca de si tal o cual receta es exacta, históricamente correcta o si le dio o no resultado. Este libro está repleto detalles irrelevantes o inconexos con la cocina y la gastronomía. Las preparaciones son pocas y están desordenadas, son las que se me fueron ocurriendo y se presentan en la modalidad 'Como cayó, quedó'. Todas las preparaciones fueron ensayadas y funcionan, pero han de tomarse *cum grano salis*.

- A ver si le entiendo... Las recetas son las que le gustan a usted, tampoco hay mucha garantía de que me salgan bien y para colmo de males tengo que desenterrarla de una pila de detalles inútiles.

- ¿Sabe qué me gusta de conversar con usted? Que entiende rápidamente y hace buenos resúmenes. ¿Pero sabe qué no me gusta? Que insiste en considerar este libro como simple recetario. Parece que solo lee el título y no el subtítulo, que le advierte que se trata más bien de una clase especial de Emporio Celestial de Conocimientos Benévolos. Como para que se dé una idea de que estoy hablando, le recuerdo como es la clasificación de los animales que hace la famosa enciclopedia china:

- Pertenecientes al Emperador,
- Embalsamados,
- Amaestrados,
- Lechones,
- Sirenas,
- Fabulosos,
- Perros sueltos,
- Incluidos en esta clasificación,
- Que se agitan como locos,
- Innumerables,
- Dibujados con un pincel finísimo de pelo de camello,
- Etcétera,
- Que acaban de romper el jarrón,

- Que de lejos parecen moscas.

Con semejante enciclopedia como guia, ¿Sigue esperando que esta modesta obra se parezca mucho a un recetario de Doña Catalina Georgitsis de Pirolo?

- Ahora que lo dice, no. Pero todavía puedo esperar que trate de un rejunte esquizofrénico de cosas copiadas y pegadas. ¿Puede afirmar que hay algo original en el libro?

- Puedo.

- ¿Sabe qué no me gusta de conversar con usted? Que parece que me está tomando para el churrete. De todos modos le pregunto mejor: ¿Qué puedo encontrar de original en este libro?

- Tiene que admitir que un prefacio en forma de diálogo tiene cierta originalidad.

- Mire, no vi tantos prefacios como para asegurarlo. En todo caso, me refería a contenido original.

- Mire, las termografías de los fondos de los cacharros son contenido original. No las he visto ni en las mismísimas publicidades de fabricantes de sartenes. La receta del Atholl Brose no es inédita, pero es tan poco conocida que creo que vale la pena revivirla. En cualquier caso, la idea no es dar cátedra, sino que leer un libro de cocina sea entretenido y si se puede, un poco educativo. Los ingredientes y las indicaciones está presentadas en un formato y estilo croto: No tiene tal, use cual. Improvise. Pruebe tranquile, que envenenarse casi seguro que no pasará. Escriba su propio recetario; pero no haga como mi madre que anotaba recetas falsas cuando le interesaba mantener un secreto, como hizo, por ejemplo, con el relleno de sus justamente famosos cappelletti.

- ¿ Está la receta de esos famosos cappelletti?

- ¡De ninguna manera! Me llevó quince años de ingeniería inversa reconstruir la receta. No me van a sacar más que nombre, rango y número de serie.

- ¿ Y cómo es eso de 'Preparaciones Benévolas'?

- Es que hay preparaciones que le alegran la panza o le alegran la noche, otras que son benéficas porque vienen con historia adjunta, y hay una inclusive que le puede hacer desempolvar la calculadora. O hasta es posible que aprenda un par de palabras nuevas; después de todo, 'teselar' y 'anatemizar' no son verbos que se conjugen habitualmente en la televisión. Todos esos, creo modestamente, son beneficios reales.
- ¿Y usted tiene algún pergamino que lo habilite a escribir esto?
- Un montón de años comiendo y casi tantos cocinando es lo único que tengo para ofrecer.
- ...
- ¿Georgitsis dijo?
- Si. Creo que hoy preparo Mousaka.
- ¿Me convida?
- Cuando quiera.

Advertencias para la Lectora o el Lector

0.- La obra no es apta para veganes, vegetarianes o celíaques.
1.- Donde dice 'perro' puede leerse 'perro' o 'perra'.
2.- Donde dice 'gato' puede leerse 'gato' o 'gata'.
2.1.- Donde dijera 'gato hidráulico' sólo podrá leerse 'gato hidráulico'.
3.- Donde me acordé, traté de usar un lenguaje neutro o inclusivo. Donde no me acorde, no.
4.- Recuerde siempre que *la corrección política suficientemente avanzada es indistinguible de la ironía.*

Atentamente,

Chef Croto
Buenos Aires, Pandemia 2020
Otras pandemias vendrán.

El Peligroso Mundo de la Cocina

Ya dijo el Dr. S. Strange que las advertencias deberían ir *antes* del texto. Bueno. Este capítulo funciona como advertencia de algunas de las tragedias con las que es posible enfrentarse mientras uno cocina.

Como sabe cualquiera, la cocina es -por mucha ventaja- el sitio más peligroso de la casa. En la cocina uno se puede quemar la ropa, la piel, el pelo y los ojos. Se puede pinchar o cortar, electrocutar, intoxicar, asfixiar, envenenar, fracasar y avergonzarse. También puede volar en pedazos, víctima de una explosión de gas. Como si todo esto fuera poca cosa, desde la cocina también se puede ofender, enfermar gravemente e incluso matar a un comensal religioso, alérgico o celíaco.

Aún suponiendo que mamá y papá le hayan enseñado a atarse los cordones de los zapatos, a tener cuidado con el fuego, y a no meter cuchillos en los enchufes, todavía quedan algunos detalles para recordar. Repasemos algunos de estos detalles.

La gran mayoría de los objetos tienen exactamente el mismo aspecto cuando están fríos y cuando están calientes. De manera que tenga cuidado cuando manipule cosas que están o estuvieron cerca de una fuente de calor. En particular, no se lleve a la boca una cuchara metálica con la que estuvo revolviendo el guiso. Y si lo hace sin quemarse cuando está cocinando para extraños, la cuchara se lava o se cambia. Si no, es un asco.

Tenga cuidado con las mangas de su ropa. Si cuelgan sobre el fuego pueden incendiarse. Es mejor evitar las mangas.

Use un repasador o un trapo seco para mover o sostener recipientes calientes y asegúrese de que tiene el camino despejado para moverlo con seguridad y sin obstáculos hasta el lugar deseado. Un trapo húmedo puede calentarse mucho más rápidamente que uno seco, con lo que perderá su función como aislante del calor, pudiendo generar una cadena de desgracias: Usted se quema la mano y suelta la olla, el contenido caliente le quema los pies, le arruina la ropa y quema también al gato. La olla se deforma y salpica al golpear contra el suelo. Ahora se tiene que curar la mano y los pies. Tiene que buscar al gato. De camino al veterinario puede dejar la ropa manchada en la tintorería. En el camino de vuelta y con el gato ya sedado vendado, debe comprar gasa para vendarse los pies y los arañazos del gato enfurecido. No se olvide de comprar también los productos de limpieza con los que posiblemente logre que la cocina vuelva a ser accesible. Quizás no sea necesario comprar una olla nueva y la vieja pueda recuperarse. Lo que nunca se recuperará serán su orgullo y la confianza del gato. Y todo por usar un maldito trapo mojado.

La tapa de la olla caliente se levanta por el lado más alejado de la cara. Yo sé que usted tiene gran urgencia en ver como le está saliendo la sopa, pero si lo hace de otro modo se puede quemar, dañarse la vista o empañarse los anteojos.

Las milanesas se comienzan a apoyar en la sartén del lado más cercano a usted y se las termina de sumergir en el aceite caliente del lado más alejado. Así no lo salpican.

A veces las preparaciones se incendian. Es más probable que suceda con una sartén que con una olla, porque en aquella, los vapores están más cerca del fuego abierto. Si esto le sucediera, tome coraje y tape el cacharro. La escasez de oxígeno extinguirá las llamas.

Si se le incendia el repasador que usó para mover una olla sobre el fuego, mójelo en la pileta o fregadero.

En cualquier caso, es buena idea tener un extintor pequeño a mano en la cocina. Si un fuego se sale de control, no tire agua. En lugar de eso, cierre el gas y busque el matafuegos. Descárguelo sobre la base del incendio mientras reza una pequeña plegaria. Si tuvo éxito y usó un extintor de anhídrido carbónico o dióxido de carbono (CO_2), considérese afortunado y siga cocinando. Si en cambio usó un extintor de polvo químico, considérese poco afortunado, tire la comida, llame a la pizzería para pedir una grande de muzzarela y llame también al trabajo para pedir dos días durante los cuales podrá dedicarse a limpiar los residuos de polvo químico y a meditar acerca de cómo, cuándo y por qué se le ocurrió comprar un matafuegos de automóvil para la cocina.

Si el fuego no se apaga, no pierda la calma, pero grite como un enajenado pidiendo que lo asistan con un extintor más grande si es que lo hay. Y si no, corte el gas, llame a los bomberos y corte la electricidad. En ese orden, en caso de que use un teléfono inalámbrico.

Si va a flambear algo, apague *antes* el extractor de humos. Un extractor envuelto en llamas es infinitamente más difícil de apagar.

Si de pronto siente olor a gas, no se le vaya a ocurrir apagar ni encender nada eléctrico; no es el momento. Cierre el gas si sabe exactamente donde es la fuga, o corte el gas de toda la cocina o de la casa si no lo sabe. Luego ventile los ambientes. Y no me diga que hace frío o que no sabe donde está la llave general de gas.

El horno de gas es un recinto relativamente cerrado en el que el gas podría mezclarse con el aire en una proporción tal que puede transformar la cocina en una modesta bomba que, por lógica, está destinada a estallarle en su propia cara. Si el horno no enciende al primer o segundo intento, cierre la llave de gas, deje abierta la puerta del horno por un par de minutos y vuelva a intentarlo. Si luego de este nuevo intento el horno no enciende, desista de usar el horno, después llame al gasista y a la pizzería para pedir otra grande de muzzarela.

Si aprendió la lección de mamá y papá acerca los cuchillos en el enchufe, pero todavía le queda la costumbre de desconectar artefactos eléctricos tirando del cable, tenga entonces la decencia[1] de verificar que la instalación eléctrica de su casa incluye un disyuntor diferencial. El disyuntor le puede salvar la vida, pero solamente si funciona bien. El manual que nadie lee recomienda probar el funcionamiento del aparato una vez por mes. Ya le ahorré leer el manual, ahora no me diga que no sabe donde está el tablero eléctrico de su casa.

Cuando corte o pique alimentos con un cuchillo, mantenga los dedos lejos del filo. La técnica habitual es sostener el cuchillo con la mano hábil y usar la otra para manejar el alimento, doblando los dedos de modo alejar del filo las yemas de lo dedos y hacer que las segundas falanges sirvan de guía para el costado del cuchillo.
Si no entendió la explicación, es porque hace falta un buen video. Utilice DuckDuckGo, su buscador de internet preferido.

Use cuchillos correctamente afilados. Un cuchillo mal afilado requiere más fuerza, puede desviarse, lo pone de mal humor y produce cortes irregulares que son un asco.
Los cuchillos tipo sierra o serrucho se desviarán al hacer cortes largos.
No corte en el aire, use una tabla. No corte sobre el mármol de la

---

[1] Su cadaver tieso o carbonizado será un asco. Se lo garantizo.

mesada, use una tabla.

No use una tabla, use varias tablas.

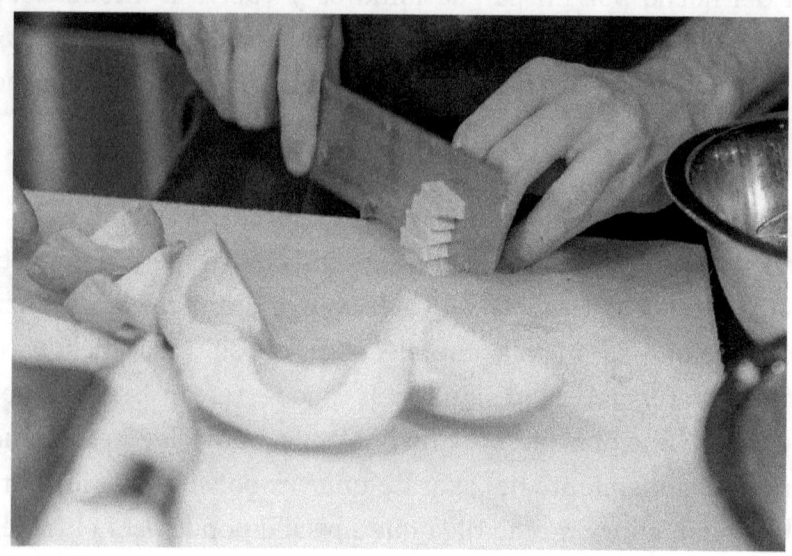

Cocinero avispado protegiendo sus dedos

Bueno, le entiendo. No tiene lugar para guardar una tabla roja para carne, otra azul para pescado, una amarilla para aves, una verde para vegetales y una blanca para usos generales. Pero si no usa varias tablas, recuerde limpiarla y desinfectarla cuando terminó de usarla con un alimento crudo y necesita usarla con un alimento que no será cocinado. O corte primero lo que no se cocina sobre la tabla limpia y después lo que si se cocina, de ese modo se ahorra una limpieza.

Los alimentos más propensos a la contaminación son aquellos ricos en proteína, húmedos y con un pH neutro (ni muy ácidos, ni muy básicos). Los alimentos crudos que son candidatos a presentar estas condiciones son las carnes y los huevos fuera de su cáscara. Los alimentos cocidos que pueden contaminarse rápidamente y podrían ser por lo tanto peligrosos son, por ejemplo, el arroz y las papas.

La carne picada es peligrosa por ser carne, y más peligrosa aún por presentar una enorme superficie expuesta, sobre la que pueden desarrollarse agentes patógenos. La carne picada se la pica uno mismo o se la compra a un carnicero de confianza. Hamburguesas elaboradas con carne contaminada y que fueron luego mal cocidas han sido causa de numerosas muertes por síndrome urémico hemolítico.

Como se dijo, los huevos también pueden ser peligrosos. La mayoría de ellos está contaminado por fuera y algunos también por dentro, generalmente por Salmonella, que es una bacteria que produce una enfermedad bastante seria y potencialmente mortal para personas débiles o enfermas, niños y ancianos. Para matar esta bacteria los huevos deben alcanzar una temperatura interior de más de 70°C durante algunos minutos. La proteína de las claras coagula a unos 60°C y las yemas a unos 63°C. La temperatura de seguridad impide, en principio, servir huevos pasados por agua. Contrariamente al uso y creencia popular, cuando casque huevos, es mejor hacerlo contra una superficie plana y no en el borde de la sartén. El borde filoso puede hacer que la cáscara, generalmente contaminada, entre en el huevo y contamine a su vez a la clara.

Salmonella tolera muy bien el frío y puede contaminar helados.

Dije hace un rato 'Agentes Patógenos', asumiendo que todos tenemos un conocimiento -acaso folclórico- acerca de qué corchos es un agente patógeno. Se trata de organismos nocivos que pueden ser virus, bacterias, hongos y parásitos que producen enfermedades infecciosas. Los síntomas de enfermedades causadas por microorganismos se presentan normalmente entre algunas horas y unos pocos días después de ingerido el patógeno. Las enfermedades causadas por parásitos suelen tener tiempos de incubación mucho más prolongados. La más común de las enfermedades causadas por parásitos es la triquinosis transmitida por la carne de cerdo contaminada y mal cocinada. No se come carne de cerdo jugosa. No se come carne de pollo jugosa.

Los pescados pueden estar contaminados con otro parásito, llamado anisakis. Las larvas de anisakis son pequeños ovillos blancos incrustados en la carne del pescado, que a veces pueden detectarse a simple vista. Afortunadamente, anisakis no soporta la cocción pero tampoco el congelamiento, lo que es una bendición para los productores y los consumidores de ceviche y de sushi.

Acertijo: ¿Cuál es el ícono que indica 'Alimento Irradiado'?

Aparte del frío o del calor, existe otro método de esterilización de alimentos es la irradiación, que consiste en someterlos a radiación ionizante -que normalmente es de origen nuclear- y que mata todos los agentes patógenos con poco o nulo efecto en el sabor y el aspecto del alimento. La carne irradiada, por ejemplo, se envía a la Estación Espacial Internacional y, envasada al vacío, resiste meses sin refrigeración[2]. Papas y lácteos no responden bien a la irradiación, por lo que no se tratan de este modo. Los alimentos irradiados deben estar etiquetados para informar al consumidor. La identificación se hace con uno de los logos de la figura. Trate ahora el lector de elegir aquel que le parezca más adecuado para transmitir la idea de

---

2 Ignoro como se hace un asado en gravedad cero, o que aspecto tendría la humareda que rodea a la parrilla en esas condiciones.

'alimento irradiado'.

¿Esto significa que si eliminamos a todos los microorganismos, el alimento es seguro? La repuesta es un enfático no. Usted puede matar hasta el último microbio o parásito irradiándolos por ejemplo, pero el alimento podría seguir portando toxinas que fueron producidas como parte de su metabolismo por aquellos microorganismos mientras estuvieron vivos. Estas toxinas no son organismos vivos sino moléculas de origen orgánico, las que muchas veces resisten la cocción y pueden ser venenos poderosos, como lo es la toxina botulínica, que puede causar la muerte por botulismo[3] o inyectada en muy pequeñas dosis como parte de un tratamiento de embellecimiento, rostros de sorpresa perpetua.

La toxina botulínica se destruye con la cocción prolongada, pero la saxitoxina que pueden acumular los moluscos bivalvos durante ciclos de marea roja, resiste el calor y comienza a afectar el sistema nervioso solo cinco minutos después de ingerirla.

Hay que tener en cuenta que un alimento puede estar limpio y listo para el consumo, pero durante su manipulación pudo haber dejado rastros de contaminación en sus manos, en las tablas y en cuchillos. Si esas manos, tablas o cuchillos tocan otros alimentos los contaminan y a esa contaminación se la llama 'Contaminación Cruzada'.

Hasta aquí hablamos de contaminación de origen biológico, pero no es la única posible. Los alimentos pueden estar contaminados con productos agroquímicos usados en su producción, u otros durante su transporte o almacenamiento. Tenga cuidado con productos de limpieza y similares, que si le cae detergente al churrasco es un asco. Supongamos que el alimento estuvo, está y estará escrupulosamente limpio, no hay microorganismos ni toxinas, no hay productos químicos y se puede descartar la contaminación cruzada. Entonces,

---

3   Una muerte que es un verdadero asco.

¿El alimento es seguro?. No se sabe. Hay que ver. Falta descartar la contaminación física, que consiste en la presencia de elementos extraños en el alimento. Los más comunes son pelos, huesos, espinas, etc., propios del alimento; pero pueden ser también pelos, trozos de madera, metal , vidrio o cerámica, etc. La contaminación por lo general se produce en la cocina, pero en ocasiones puede haberse originado durante la producción o envasado del producto, aunque un productor serio toma grandes precauciones para evitarla. De hecho, las dos últimas fases del ciclo de envasado de muchos alimentos suelen ser el estampado de las fechas de producción y vencimiento y el pasaje por un detector de metales que permite señalar la presencia de tuercas o algún trozo de metal desprendido de alguna parte de la línea de envasado. El descarozado de las frutas puede ser mecánico, pero este método puede fallar, dejando trozos de carozo en la fruta procesada y trozos de dientes en la boca de los consumidores desprevenidos. El descarozado manual es más caro pero muchos compradores prefieren pagar el precio. Lo que hace un croto es descarozar manualmente la fruta, aceitunas, etc. Dicho sea de paso, las aceitunas descarozadas, son un asco.

Si a esta altura ya comenzó a pensar que esto de la cocina no era tan fácil, por un lado tiene razón. Pero piense que el 99% de la gente que cocina no tiene idea de todo esto y la humanidad no se está extinguiendo por intoxicación alimentaria.

¿Cómo Hace Uno para no Meter la Pata hasta el Cuadril?

No es tan complicado.
- Compre alimentos de buena calidad. Lo que no necesariamente es lo mismo que caro. Le cuento una anécdota: Hallábase un servidor en cierta usina láctea de primera categoría, en la que los atareados operarios

envasaban leche de primera marca. Súbitamente, se termina el envase de esa leche. No había más envases de esa marca por ningún lado. La solución del encargado de la planta fue, simplemente, cambiar los envases por los de otra leche de segunda o tercera marca para mantener en marcha la producción, con la misma leche que antes. Moraleja: La leche de tercera marca no tiene por que ser de calidad inferior a la de primera marca.

- Revise las fechas de vencimiento y descarte latas infladas y alimentos anormalmente[4] viscosos.
- Los alimentos perecederos se deben mantener a temperaturas de menos[5] de 4°C o más de 60°C. Entre esas temperaturas los agentes patógenos pueden reproducirse más o menos fácilmente.
- Descongele dentro del refrigerador si tiene tiempo. Puede necesitar dos días para eso, dependiendo del alimento y de la cantidad. Si no tiene tanto tiempo puede hacerlo en agua fría.
- Caliente rápidamente los alimentos fríos. A baño maría podrían pasar mucho tiempo en el rango de temperaturas que se consideran peligrosas, por lo que no se recomienda.
- Esté siempre muy atento a la contaminación cruzada. Ya sabe que las manos, las tablas y los cuchillos son fuentes de peligro; pero si entendió el concepto, advertirá que un pollo crudo goteando sobre vegetales que se consumirán crudos es igualmente peligroso, aunque no se cite ese caso puntual en la literatura. Siempre conviene ejercitar el buen juicio.
- Cuando esté en duda, una temperatura de más de 70°C en el centro del alimento matará a la mayoría de los patógenos.

---

4 Un calamar fresco es normalmente viscoso y no cuenta.
5 Ojo con enfriar vegetales inmaduros, principalmente si son 'tropicales'. En muchos casos, una vez enfriados no madurarán nunca más. Pasa con las paltas.

- Una pieza entera de carne de vaca es normalmente segura con una temperatura de 60°C en el núcleo.
- Si tiene invitados a comer, pregúnteles con anticipación si hay algo que no quieran, no puedan o no deban comer. De este modo va a tener tiempo de planear un menú adecuado.
- No corra riesgos ofreciendo preparaciones inseguras a niños, ancianos, enfermos o convalecientes.

No enloquezca, sin embargo, con las fechas de vencimiento. Se estampan con un considerable margen de seguridad. Como la actividad de los patógenos y la velocidad de las reacciones químicas tienden a disminuir con la temperatura, una lata de conserva con fecha de vencimiento cercana puede alargar su vida en la heladera. A la sal se le pone fecha de vencimiento. No imagino un mecanismo que la degrade o la contamine.

Casi me olvido: Sorprendentemente[6], el ícono que se usa para indicarle al consumidor que el alimento que lo porta fué sometido a radiación ionizante es el de la derecha de la figura. Si, ese de la planta o las hojitas. El verdecito, con lo que parece la cabecita del honesto productor de alimentos orgánicos que abre los brazos. Hasta tiene nombre propio: Radura.

Pero por favor, no me malinterprete. No tengo -al menos en principio- nada contra la irradiación de los alimentos. Me parece seguro y práctico. No transforma a su comida en radioactiva ni nada que se le parezca. Del envase no saldrán tampoco pequeños Godzillas. Lo que no me gusta es que se trate de esconder la realidad o se trate de confundir o malinformar al consumidor.

---

6   O no, si uno ya entendió como son las cosas en este mundo.

De las Herramientas del Oficio de Cocinero Croto

Del Material de los Cacharros

La discusión acerca de la superioridad de tal o cual material o tipo de cacharro es interminable. Y no se va a terminar con este capítulo. Pero al menos trataré de resumir las ventajas y desventajas de cada tipo como para que les lectores desarrollen cierto criterio para comprar y usar sus cacharros.

Comenzando por los materiales, estos deben examinarse desde los puntos de vista de
- Conductividad del calor, lo que afecta a la uniformidad de la temperatura principalmente del fondo del cacharro.
- Compatibilidad con los alimentos. Algunos metales como el cobre[7] reaccionan químicamente con los alimentos y pueden liberar compuestos tóxicos, crear sabores indeseables, corroerse o decolorarse.
- Tolerancia a golpes, caídas o maltratos.

---

[7] A pesar de esto, los cuencos de cobre son mejores que cualquier otro material para batir claras de huevo.

El cobre es el mejor conductor del calor (la plata es mejor, pero no se hacen ollas de plata, porque es cara, blanda y una pesadilla para la limpieza), pero se usa con recubrimiento interno de estaño o estaño y plata para que sea más compatible con alimentos. El calor excesivo puede arruinar este recubrimiento.

El aluminio es económico y muy buen conductor del calor, pero es blando, por lo que se raya y se deforma con facilidad.

Ahora que me acuerdo, el aluminio no siempre fue económico. A mediados del siglo XIX, el aluminio era unas diez veces más caro que el oro. Napoleón III se mandó a hacer cubiertos y platos de aluminio solo por eso. Nuevos ricos eran los de antes.

El hierro es económico, pero es pesado y no resulta un buen conductor del calor. Tarda en enfriarse al retirarlo del fuego -principalmente porque son pesados, y el peso significa más masa a calentar- por lo que no son adecuados para salsas que se cuecen rápidamente.

El hierro esmaltado es caro y poco tolerante a golpes y caídas[8], pero es vistoso como para presentarlo en la mesa y muy adecuado para cocciones prolongadas. Por otra parte, tiene todas las ventajas y desventajas del hierro fundido.

El acero es muy económico, pero se oxida y requiere curar y mantener la superficie interna para que no se pegue la comida. Se calienta y enfría rápidamente.

El acero inoxidable no es un gran conductor del calor, tarda en enfriarse porque suele tener un fondo grueso de cobre y aluminio que se suele llamar 'fondo triple'. El mantenimiento y la limpieza del acero inoxidable son tareas sencillas. Sin fondo triple suelen pegar la comida por la mala distribución del calor.

---

8   La mayoría de los pisos tampoco soportan bien la caída de una olla de hierro esmaltado.

El barro, el vidrio o la cerámica son frágiles, malos conductores de calor, pero muy útiles para cocciones lentas. De las ollas de barro de Casira, provincia de Jujuy, se dice que son excelentes y toleran cambios bruscos de temperatura que destruirían a ollas similares. Barro, vidrio y cerámica no son conductores eléctricos y por lo tanto no sirven en absoluto para cocinas por inducción. Los materiales no magnéticos no funcionan muy bien en la cocina por inducción. Por si no se acuerda, el aluminio y el cobre son materiales no magnéticos. Si va a comprar una cocina de ese tipo, considere la compatibilidad de sus viejos y queridos cacharros con la nueva cocina.

Montaje experimental croto

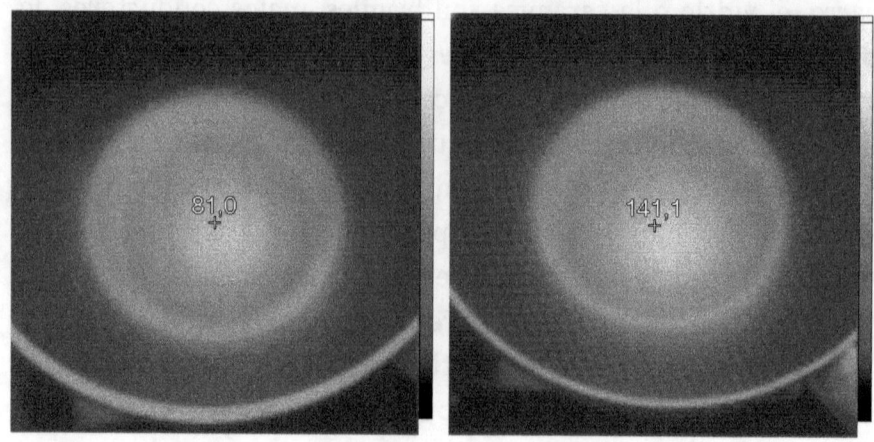

Wok de pared delgada de aluminio puro

Dicen que una imagen vale por mil palabras, de modo que intentaré mostrar como se distribuye el calor en algunos de esos cacharros de manera gráfica. Por suerte, existe una forma de medir la temperatura instantánea y simultáneamente en todo un objeto o superficie. La técnica se llama termografía y consiste en asignar un color más o menos arbitrario a cada temperatura dentro de un cierto rango y pintar una imagen del objeto en la que cada punto o pixel adquiere el color que se le asignó a la temperatura del punto. Usted pudo haber visto cámaras termográficas en acción en los aeropuertos donde, con ayuda de las cuales, se puede identificar una persona con fiebre entre una multitud, con la misma facilidad con la que usted identificaría a una persona con sombrero rojo. Si no pasó útimamente por un aeropuerto pero vió la película 'Depredador', sepa que la criatura del título de la película 've' como si sus ojos fueran cámaras termográficas. En una aplicación como esa, se asigna, por ejemplo, el color violeta a 33ºC y el color amarillo claro a 41ºC. Para identificar puntos calientes en una máquina, el violeta podría asignarse a 20ºC y el amarillo a 400ºC.

Para hacer las demostraciones hubo que armar un pequeño soporte para los cacharros y la fuente de calor. Como cocinero, lo improvisé con las hornallas de mi cocina Morelli, convenientemente atadas con alambre y con mi soplete de quemar mollejas. Si quiere repetir el ensayo pero lo quiere más lindo, vaya y contrate un ingeniero. Yo conozco uno, pero no lo quise molestar con esta pavada.

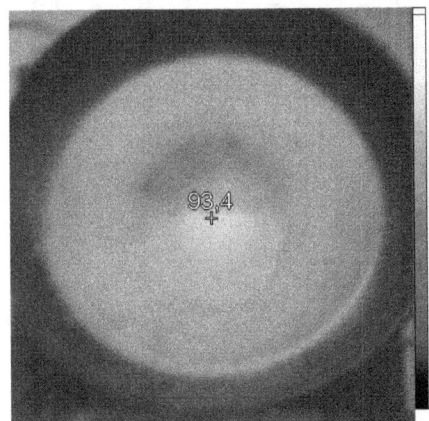 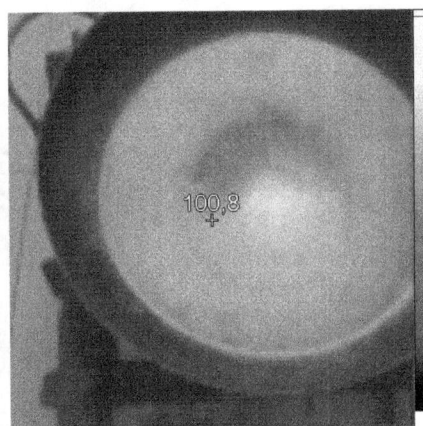

Paellera de acero

La llama del soplete permite calentar una zona bastante pequeña del fondo, lo que permite estudiar mejor la distribución del calor.
Las imágenes termográficas se tomaron cada 15 segundos a partir del momento en el que el cacharro se apoya en el dispositivo. El rango de la cámar termográfica se ajustó a 0ºC-250ºC.

Lo que se debe observar son los valores de la temperatura en el centro del fondo del cacharro y el tamaño de la zona caliente. Distintos valores de conductividad, calor específico y distribución de masa originan los comportamientos que han podido registrarse.

En el caso del wok de aluminio, la temperatura sube unos 60°C en los primeros quince segundos de calentamiento y otros 60°C en los siguientes quince, debido principalmente a que la pared es delgada y hay poco metal a calentar. La zona de alta temperatura se expande rápidamente debido a la alta conductividad térmica del alumino.

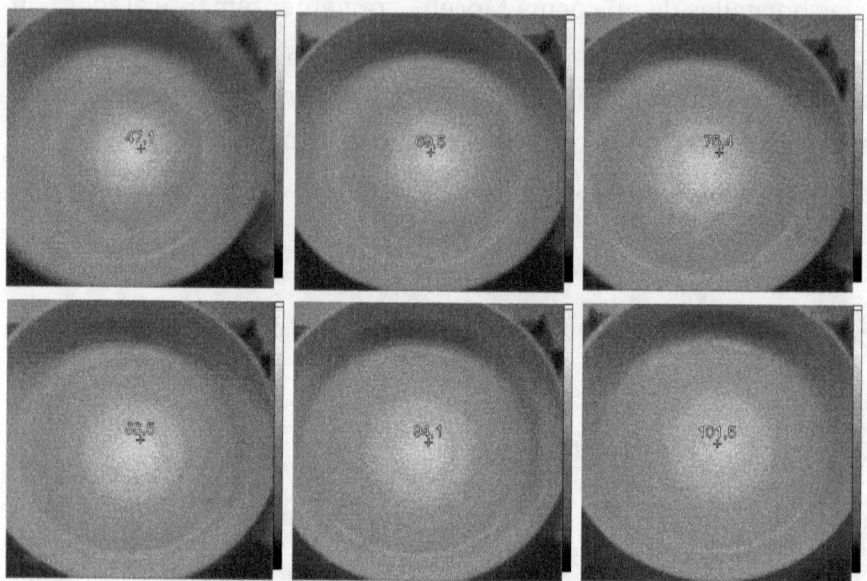

Sartén triple fondo con recubrimiento cerámico

En el caso de la paellera de acero, la temperatura sube casi 80°C en los primeros 15 segundos y 100°C adicionales en los siguientes 15 segundos. Durante la medición, la temperatura subia tan rápidamente que perdí mi presencia de ánimo y temiendo destruir la paellera, la segunda imagen fue tomada a las apuradas, por lo que no está bien centrada y en consecuencia, el valor de la temperatura en el punto más caliente está extrapolada en más de 200°C y debo decir que el ensayo dejó una cicactriz en la paellera.

La zona caliente se expande más lentamente que en el aluminio, debido a la menor conductividad térmica del acero, la que también es responsable del rápido aumento de la temperatura. Todo sucede como si la masa a calentar fuera mucho menor de lo que es en realidad, porque las partes alejadas del centro están efectivamente 'desconectadas' del punto de calentamiento.

La sartén de triple fondo, debido justamente a la gran masa de éste, se calienta lentamente y distribuye el calor de un modo muy uniforme. El incremento de temperatura entre cada imagen es del orden de 15ºC.

Del recubrimiento de los Cacharros

Los cacharros metálicos pueden estar revestidos con antiadherentes. El más común es el poli tetrafluoruro de etileno, que que si no tuviera un nombre comercial nadie reconocería. El nombre comercial es una marca registrada de Dupont, Dupont de Nemours o alguna de sus mil subsidiarias, vaya uno a saber, y es Teflon™.

El Teflon es un plástico que soporta temperaturas de hasta unos 260°C por lo que no es imposible que se destruya si la sartén queda vacía en el fuego. El Teflon es muy eficiente como recubrimiento antiadherente, pero se raya con facilidad si se raspa con un utensilio metálico y, obviamente, no debe limpiarse con productos abrasivos o estropajos metálicos. Para resumir, el Teflon es ideal para omelettes o panqueques, pero demasiado delicado para el uso diario. A menos, claro, que uno prepare un omelette o un panqueque cada día.

El otro recubrimiento usado principalmente en sartenes es la cerámica, que es mucho más dura y durable que el Teflon, pero no soporta golpes.

De la Forma de los Cacharros

La forma del recipiente más adecuado para cada tipo de cocción es diferente.

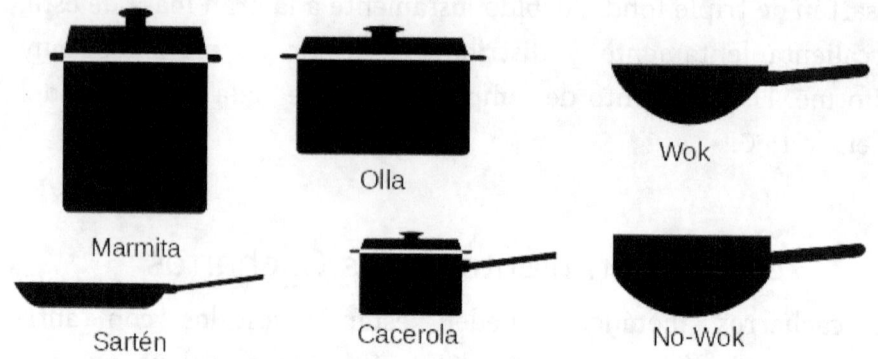

Siluetas de cacharros usuales

Marmita y Olla no tienen mango, apenas asas. Se usan en cocciones prolongadas. La Marmita es más adecuada para preparaciones acuosas como caldos y la olla para preparaciones mas espesas como guisos o reducciones. La cacerola tiene mango, que se usa para mover el cacharro mientras se espesa una salsa, por ejemplo.

La sartén se usa para freír y flambear. Como la evaporación es un fenómeno que produce en la superficie expuesta del líquido, la sartén expone una gran superficie para un pequeño volumen de alimento y la reducción ligada a la evaporación será rápida. El perfil y el mango de la sartén permiten 'sartenear', procedimiento a través del cual se remueve la preparación empujándola contra el borde, con un movimiento brusco de la mano.

El wok es una sartén sin base plana y con su perfil de curva suave lleva a un extremo la posibilidad de sartenear. La forma del wok es ideal para las cocciones rápidas de la cocina china, que tradicionalmente careció de buen combustible para considerar cocciones prolongadas.

El No-Wok (o Pu-Wok, como quizás diría un chino) es una abominación creada por Tramontina en la que todo intento de sartenear conduce a estrellar los alimentos contra una pared vertical, donde se frenan en seco, salpican y rebotan hacia el mango. El wok evolucionó durante miles de años hasta su forma actual pero inexplicablemente, podría involucionar de manera casi instantánea. El No-Wok es muy útil como cacerola sin tapa o como comedero para perro grande.

No-Wok no-siendo-usado para lo que mejor sirve.

De Los Cuchillos

Como mínimo tendría que tener tres cuchillos. Uno grande de hoja ancha, del tipo que usa el carnicero, uno pequeño para pelar vegetales o deshuesar y uno intermedio para cortar y picar.

En la actualidad, la mayoría de los cuchillos son de acero inoxidable que es más blando que el acero al carbono, por lo que se afilan con tanta facilidad como pierden el filo. Obviamente no se oxidan, pero el filo es inferior al que se obtiene con el acero al carbono.

Los cuchillos de acero al carbono se manchan y oxidan particularmente al cortar alimentos ácidos como cítricos y tomates, por lo que requieren mucho cuidado. Pueden cambiar el color o transmitir sabor metálico a los alimentos. Como puede atestiguar su carnicero de confianza, el filo que se obtiene con acero al carbono es superior al del acero inoxidable.

Tener dos cuchillos pesados idénticos o al menos muy similares, le permite picar carne con cierta facilidad cuando no tiene disponible una picadora, o no la quiere limpiar, o simplemente quiere un picado grueso que la máquina no permite obtener. El método consiste en tomar un cuchillo en cada mano y usarlo como las baquetas de un tambor sobre el alimento a picar. Necesita tomar cierto ritmo, pero también una buena tabla de picar, que no rebote contra la mesada, apoyada sobre un repasador para mitigar el estruendo.

Los cuchillos de cerámica son caros y extremadamente frágiles. Son ideales para frutas. No permita que le vendan un cuchillo de acero pintado de blanco como si fuera de cerámica. El modo de evidenciar el engaño es poner la hoja al trasluz. La cerámica es liviana y translúcida, el metal es opaco.

Los cuchillos tipo sierra o serrucho sirven para cortar tomates y pan porque penetran con facilidad la piel o la corteza.

La piedra de toque para la comprobación del filo de un cuchillo es cortar una delgada rodaja de tomate. Solo un filo excelente es capaz de cortar la piel lisa y dura del tomate sin aplastarlo.

Junto con los cuchillos debería tener una chaira. Con chaira, el cuchillo no se afila, solamente se asienta y se mantiene el filo en ópimas condiciones. La chaira, que se la cobraron toda, se usa desde el mango hasta la punta. Ponga el cuchillo apuntando hacia arriba con el filo hacia abajo. Empiece a asentar con el talón del filo del cuchillo en el extremo grueso o base de la chaira y manteniendo presión e inclinación constantes separe las manos hasta que la punta del cuchillo llegue al extremo de la chaira. Pase la chaira al otro lado del cuchillo y repita cuatro o cinco veces. Si no se entendió, vaya de paseo a la carnicería, que el carnicero hace una demostración de afilado antes de cada venta de milanesas.

De los Medidores

Mire, una balanza es muy útil, pero generalmente se puede reemplazar con un vaso medidor, o bien por tazas, cucharas, puñados o simplemente por el ojo de quien cocina. No pasa del mismo modo cuando hay que medir temperaturas. Si quiere saber si un lindo trozo de carne que puso en el horno está listo, lo mejor es usar un termómetro.

Con la repostería pasa justamente lo contrario. Mientras tenga un horno con un termómetro decente, es más importante una balanza. De modo si puede tener todo mejor, pero si no, ya tiene un criterio croto para poder elegir.

Si va a usar o comprar un termómetro de vidrio, que no sea de mercurio. El mercurio es tóxico y si se rompe va a tener un problema.

Caldo-Sopa-Salsa

Conteste rápidamente: ¿Cómo se hace una sopa?
Si su respuesta incluye el uso de sobres o cubitos de caldo, entonces puede seguir leyendo tranquilamente, porque la película que cuenta este capítulo usted no la vio.

Caldo

¿Qué es un caldo? Es el resultado de la cocción de huesos en agua. Tan simple como eso.
Un caldo claro se hace hirviendo huesos. Un caldo oscuro se hace hirviendo huesos tostados en el horno o en la hornalla si se aguanta el enchastre. Se puede hacer agregando también carne, que suma mucho sabor, pero no es indispensable.
Un caldo de ave, debido al pequeño tamaño de los huesos puede requerir unas tres horas de cocción, mientras que uno de ternera puede necesitar hasta doce horas hirviendo lentamente.
En todos los casos, cuando la extracción de sabor de los huesos ha finalizado, el caldo se filtra y se reduce lentamente si parece necesario.
El caldo se cocina desde agua fria, siempre destapado y a fuego bajo,

de modo que se caliente lentamente y luego mantenga el líquido apenas hirviendo. De este modo, la albúmina de los huesos y la carne coagula y sube tempranamente a la superficie donde se retira con la espumadera. Si el caldo se incia con agua caliente o hierve a borbotones, la albúmina se disuelve en el caldo y lo enturbia.

Un buen caldo oscuro se puede hacer con huesos de ave y de ternera tostados en el horno en una asadera junto con algunos vegetales.

El caldo se suele condimentar -cerca del final de la cocción, cuando ya no es necesario seguir espumando- con cebollas, zanahorias, tomillo, pimienta, hojas de laurel, etcétera, pero nunca sal. La reducción que suele seguir a la preparación del caldo haría al líquido extremadamente salado.

El resultado en todos los casos es un líquido cargado de proteínas, que cuando se enfrian forman una gelatina, pero que no puede considerarse una salsa *per se*. Pero si el caldo se redujera a la mitad o la tercera parte, por medio de una evaporación muy lenta, entonces se transformaría en la *demi-glace*, con la que (por lo general espesada con harina o fécula) en algunos casamientos y restaurantes le ensopan la papa noisette de paquete para hacerle creer que le sirven una exquisitez.

Si la *demi-glace* se sigue reduciendo lentamente, entonces podría alcanzar el nirvana del caldo, que es la *glace de viande*. La *glace de viande* es prácticamente sólida y se puede guardar en cubitos que se usan para aportar un cañonazo de sabor a una preparación insípida.

El caldo es un medio para transportar y extraer sabores. Con distintos agregados se transforma en algunas de las salsas más famosas. Por estas razones un buen caldo es valioso en un restaurante, aunque no es realmente indispensable en la cocina familiar.

Caldo Oscuro Rápido

Doy por sentado[9] que a poca gente le va a entusiasmar la idea de transformar el horno de su casa en un pequeño crematorio, para después pasarse doce horas vigilando un caldero humeante; motivo por el cual, paso directamente al procedimiento del Caldo Oscuro Rápido.

Ingredientes:

- Huesos de ave: 1 kg
- Huesos de vaca: 1/2 kg
- Zanahorias: Dos. Lavadas, sin pelar y cortadas en trozos grandes
- Cebollas: Dos. Lavadas, sin pelar y cortadas en trozos grandes
- Puerros: Uno. Limpio y cortado en trozos grandes.
- Apio: Un tallo con hojas y todo, cortado en trozos grandes
- Tomate: Uno. Cortado en trozos
- Ajo: Cuatro dientes. Sin pelar, sin aplastar
- Tomillo, bayas de pimienta, laurel y perejil

Procedimiento:

Corte (o ruéguele a su carnicero de confianza que lo haga por usted) los huesos en trozos de unos tres centímetros.

Disponga los huesos en el fondo de una olla de fondo grueso y caliéntelos hasta dorar, aproximadamente media hora, removiendo ocasionalmente. Recuerde que se trata de dorar y no de quemar.

Incline la olla y descarte la grasa fundida.

Agregue las zanahorias y las cebollas y dórelas removiendo por unos diez minutos a fuego bajo.

Agregue el resto de los ingredientes y cubra con agua.

Cocine destapado a fuego medio bajo durante tres o cuatro horas espumando regularmente.

Después de ese tiempo, colar el caldo y dejarlo enfriar. Una noche en

---

9 Ya di por sentado que alguien va a leer esto, y eso si que es una suposición.

la heladera puede dejar una capa de grasa en la superficie que se retira con facilidad usando la espumadera.

Fumet de Poisson o Caldo de Pescado

El caldo de pescado, a diferencia del de carne o de ave, se cocina rápidamente, ya que de lo contrario suele amargarse. De treinta a cuarenta minutos de cocción serán suficientes.

Los ingredientes son:
- Cabezas y espinas de pescados: 1,5 kg
- Manteca: Dos cucharadas
- Cebolla: Una. Mediana, pelada y cortada.
- Tallos de Apio: Dos o tres, cortados grueso.
- Tallos de Perejil: Un puñado.
- Puerro: Uno. Limpio y cortado grueso
- Vino Blanco Seco: Un vaso
- Hojas de Laurel: Dos
- Sal: Una cucharita
- Tomillo, Pimienta Negra
- Agua: Tres litros

Procedimiento:

Recuerde retirar las agallas de las cabezas de pescado, porque amargan el caldo.

Derrita la manteca y rehogue los cabezas y espinas durante cuatro o cinco minutos.

Agregue los vegetales y siga rehogando por otros cuatro o cinco minutos.

Agregue agua y el resto de los ingredientes y lleve a hervor destapado durante media hora aproximadamente. Espume el caldo regularmente.

Cuele el caldo y lo puede guardar en la heladera un par de días. O lo puede congelar un par de semanas.

También puede hacer un caldo rápido con recortes de mariscos y cabezas de langostinos rehogándolos en aceite o manteca, desglasando con vino blanco y mojando con caldo de verdura. Cuando esté listo, cuele y exprima las cabezas de langostino para extraer todo el sabor y el color. Se trata y usa del mismo modo, pero con cáscaras de langostinos tiene un mejor color que se puede aprovechar con arroces caldosos o melosos y -por supuesto- paellas. También puede hacer un caldillo de pescado o una salsa *velouté*.

Sopa de Cebolla

La Mafalda de Quino, siempre tuvo una visión certera y original de la realidad. Suponiendo que esto fuera realmente así, yo concluyo que Raquel, la madre de Mafalda y Guille, preparaba una sopa horrorosa, porque Mafalda la detesta. Para Levi-Strauss, la sopa es una comida más evolucionada que el asado por ejemplo, por el hecho de requerir por lo menos una olla y más dedicación. Para mí una buena sopa es una gran-gran preparación, sin importarme nada la opinión de los antropólogos.

Si hace frío, una buena sopa de cebolla es un gran oportunidad para reconfortarse y a la vez comenzar a usar el caldo de carne que acaba de preparar. Se sirve gratinada en cazuelas individuales.

Ingredientes:
- Manteca: Cuatro cucharadas
- Aceite de Oliva: Una cucharada. O dos.
- Cebolla: 1 kg, cortada finita.
- Azúcar: Una cucharada
- Harina: Cuatro cucharadas.
- Cognac: Un vasito

- Caldo de Carne: 2 litros
- Queso Rallado: 300 g. (Gruyère es ideal, Parmesano es aceptable, pero otros quesos también).
- Rodajas de Pan Tostadas: Cantidad necesaria para cubrir el fondo de las cazuelas. Pueden ser untadas con mostaza.
- Sal, pimienta, nuez moscada. Perejil para dar color.

Procedimiento:
Derrita la manteca con el aceite en una olla grande.
Agregue la cebolla con el azúcar y un poco de sal, que ayudarán a deshidratar la cebolla. Cocine por alrededor de veinte minutos, o hasta que tome color sin quemarse. En este momento puede agregar pimienta y nuez moscada a gusto. Calentar estas especias un ratito no es malo, sino todo lo contrario.
Agregue la harina y siga cocinando removiendo constantemente durante dos minutos.
Agregue el cognac y remueva hasta que se haya evaporado el alcohol. O si se anima, es una gran-gran oportunidad de flambear el cognac. Recuerde apagar el extractor.
Agregue el caldo y cocine media hora más a fuego bajo, removiendo frecuentemente para que no se queme el fondo.
Cubrir el fondo de las cazuelas con el pan tostado y distribuir la sopa en las cazuelas.
Cubrir con queso rallado y gratinar en horno fuerte.

Puede servir con algo verde, como un poquito de perejil o cebollín picado para darle color al plato. Dicen que tomada después de beber en exceso y antes de dormir, previene o modera la resaca.
¡Y cuidado que quema!

Honor y Gratitud al Gran Fermento

La fermentación es un proceso a través del cual ciertos microorganismos convierten los carbohidratos de los alimentos en alcoholes o en ácidos. La fermentación del azúcar contenida en jugo de uva produce alcohol y transforma el mosto en vino. La fermentación del repollo en un medio salado, produce ácidos que transforman repollo crudo en Chucrut.

Los microorganismos útiles pueden ser bacterias o levaduras, que es una forma elegante de nombrar a algunos hongos. Tratándose de organismos vivos, ellos prosperan en determinados rangos de temperatura, salinidad y acidez. El arte de fermentar alimentos consiste justamente en balancear esos parámetros para iniciar, estimular y mantener la multiplicación de los microorganismos que consideramos útiles, a la vez que se trata de impedir el crecimiento de microorganismos perjudiciales hasta el momento en el que la transformación de carbohidratos haya llegado al punto deseado, cuando, además de lograrse el objetivo de la preservación del alimento original, se desarrollen nuevos sabores -en general más complejos- que hacen más apetitoso el resultado final.

La fermentación es posiblemente el método de conservación de alimentos más antiguo y seguramente fue descubierto por pura casualidad, cuando se usaron estómagos de cabras u ovejas para transportar la leche de esos mismos animales. Las poblaciones bacterianas en las vísceras habrán prosperado en la leche fresca transformándola en yogurt, que se conserva en buenas condiciones más tiempo que la leche fresca.

El queso, el pan, la cerveza, el vino, el vinagre y las aceitunas son posiblemente los alimentos fermentados más conocidos. Pero también se aprovechan de la fermentación la producción del chocolate, la salsa picante tipo Tabasco, la vainilla, los pickles, la chicha, la kombucha, el gravlax, la leche de coco, el miso, el kefir, y la salsa de soja. La fermentación tiene además aplicaciones industriales, entre las que se encuentra la producción de biocombustibles.

Siendo un proceso conocido desde la antigüedad, debe ser posible hacerlo en casa con cierta seguridad. Para comprobarlo, uno podría hacer chucrut. Requiere solamente dos ingredientes y unos pocos elementos bien limpios y un frasco de dos o tres litros, con tapa. Variaciones de la receta fueron conocidas por los chinos, y hay registro del consumo de repollo ácido durante la construcción de la Gran Muralla. Plinio el viejo nos informa que era parte importante de la dieta de las tribus germánicas. También sabemos que los barcos solían aprovisionarse de chucrut en cuanto se descubrió que era un alimento adecuado para prevenir el escorbuto durante largas travesías marítimas.

Chucrut

Para un kilogramo de col o repollo crudo va a necesitar alrededor de 20 gramos de sal. Esto equivale aproximadamente a una cucharada rasa de sal gruesa. Es importante que no use menos de 10 o más de 30 gramos por kilo de repollo, porque en esos casos la salmuera formada sería inadecuada para inhibir la proliferación de microorganismos indeseables y fomentar el crecimiento de los deseables. La sal de mesa contiene iodo y anti-aglomerantes. El iodo puede cambiar el color de los alimentos a fermentar y los anti-aglomerantes enturbian la salmuera. Nada del otro mundo, pero es preferible usar sal marina sin aditivos.

Saque el corazón del repollo y corte el resto muy finito. Para esto resulta ideal una mandolina, la que puede reemplazarse por un cuchillo largo bien afilado y algo de paciencia.

Ponga el repollo cortado en un bowl[10] junto con la sal y amase hasta que la sal haga que el vegetal se marchite y suelte bastante líquido. Ahora lleve la masa y todo el líquido al frasco limpio. Presione con las manos o una cuchara para que el líquido cubra completamente el repollo. Si llegara a faltar líquido -y no debería faltar-, podría intentar completar con agua hervida y fría o bien filtrada o mineral con una cucharada de sal por litro, pero la verdad es que debió intentar machacar con más entusiasmo antes de cerrar el frasco. Conviene poner un peso que mantenga el repollo sumergido. Tape el frasco y déjelo en un lugar fresco. Temperaturas de alrededor de 20°C son ideales para la fermentación. Afloje la tapa cada uno o dos días y asegúrese de que el repollo sigue sumergido completamente. Durante la fermentación el nivel de salmuera puede aumentar, debido a las burbujas de gas que quedan atrapadas en la masa de repollo.

El chucrut estará listo en dos o tres semanas, pero se puede seguir fermentando durante uno o dos meses, lo que le hará desarrollar al producto sabores más complejos. El chucrut es una preparación segura mientras no se hayan formado mohos o advierta olor a podrido o consistencia viscosa. El vegetal crujiente es una buena indicación de fermentación exitosa. Una vez que haya decidido que

---

10 Se puede hacer en el propio frasco si tiene la boca muy grande (el frasco, no usted) o bien si tiene las manos muy chicas o un pisón para machacar la mezcla.

la preparación está lista, se manda al refrigerador así como está. El líquido ácido y el frío permitirán conservarlo durante semanas o meses.

La receta básica de dos ingredientes admite variaciones en las que se agregan combinaciones de pimienta negra, eneldo, laurel, zanahoria o manzana ralladas.

Como todo alimento fermentado, el chucrut contiene probióticos, que vienen a ser unos microorganismos amistosos que ayudan a formar y preservar la flora intestinal. Para aprovechar los probióticos, el alimento no debe calentarse a más de unos 40°C.

Yogurt

Otro fermento de simple elaboración es el yogurt. También requiere dos ingredientes, pero a diferencia del chucrut, estará listo en horas, no semanas. La versión moderna no requiere tripas de animales.

Usted necesitará: Un litro de leche entera, un pote de yogurt entero. Yo lo prefiero natural, pero es admisible con sabor, siempre y cuando el sabor sera vainilla, porque el de frutilla es un asco. Necesita un termómetro decente y un termo o recipiente térmico de más de 1,25 litros de capacidad.

Ya casi escucho las protestas porque digo leche entera y yogurt entero. El asunto es que las versiones descremadas de ambos productos incluyen por lo menos proteínas agregadas (cuando no agentes espesantes) para disimular la falta de grasa, aditivos que se transmiten al yogurt terminado y dan como resultado un un producto más 'firme', pero a costa de comer goma garrofín o algo similar.

El procedimiento es simple. La leche se calienta a 80°C por unos minutos y se la deja enfriar tapada para que no le caigan porquerías.

Cuando la la temperatura de la leche haya bajado por debajo de 47°C se agrega el yogurt y se mezcla bien. Se traspasa la mezcla al recipiente térmico y se deja en paz durante un mínimo de cuatro horas. Si la leche está a más de unos 45°C, el yogurt estará listo antes, pero puede haber separación de suero, porque a esas temperaturas las proteínas de la leche se gelifican en una red fuerte de filamentos gruesos y cortos que no puede retener mucho líquido en su seno. Si la temperatura es menor de 30°C, hará falta más tiempo (quizás hasta 18 horas) y el producto será más blando.

Comida Rápida o Lenta, pero Buena.

Un guiso es una preparación culinaria que se lleva a cabo en un medio líquido semigraso y cuyos ingredientes suelen tener en común el bajo costo. Un guiso es altamente tolerante a variaciones en los ingredientes y en los procedimientos. Se diferencia del estofado en que éste se cocina en un recipiente tapado en el que el medio líquido lo aportan casi exclusivamente los ingredientes.

Guiso Quieto de Cordero

Cuando haya terminado esta benévola preparación, estará en presencia de un auténtico *Irish Stew*. Un guiso quieto se arma y se deja olvidado sobre el fuego a cocinarse sin tocarlo.

Ingredientes:
- Carne de cordero: 1kg
- Cebolla: 1/2 Kg
- Papa: 1kg
- Zanahoria: 1/2 kg
- Sal, pimienta, harina, aceite, perejil y tomillo, agua o caldo: Más o menos lo que le parezca que le haga falta.

Procedimiento:
En una olla de fondo grueso se ponen un par de cucharadas de aceite y se acomoda una capa de cebollas cortadas en pluma hasta cubrir el fondo. Se condimenta con sal, pimienta perejil y tomillo. Y si le gusta que el caldo quede espeso, un poco de harina.
Sobre las cebollas se acomoda la carne, como para cubrir las cebollas. Sal, pimienta, perejil y tomillo.
Sobre la carne se ponen las zanahorias cortadas no muy chicas y sobre ellas las papas en trozos grandes o enteras, dependiendo esto del tamaño. Sal, pimienta perejil y tomillo.
Se puede cubrir con agua, pero da un poco de pena y es casi una afrenta al pobre cordero. Lo mejor es cubrir con un buen caldo echo con los huesos del cordero. O de otro cordero.
Se cocina todo a fuego bajo durante dos horas y media. O tres.
Consideraciones finales: Dependiendo mucho del tipo de papa, es muy posible que tres horas de cocción las transformen en puré. Si las papas las puso arriba de todo como dice más arriba, las puede retirar de la olla en el momento en que estén listas o poco antes y las devuelve a la olla solo para calentarlas antes de servir.
Como se condimenta cada capa, hay que ser moderado para no pasarse. En todo caso deje todo con poca sal y corrija el caldo a medida que se va haciendo el guiso.
Algunas recetas recomiendan agregar cebada perlada al caldo.
Se sirve con un puñadito de perejil picado que le da color al plato.
El mismo procedimiento se puede usar con carne bovina, aunque en ese caso no será un *Irish Stew*, sinó quizás un *Beef Stew*.

Guiso de Lentejas

El guiso de lentejas es posiblemente el más difundido y aceptado aún por quienes no gustan de este tipo de preparaciones. El mondongo suele ser polémico. Los guisos con arroz o fideos tienen algunos aficionados y muchos enemigos mortales. Pero el guiso de lentejas conforma a casi todos.

Ingredientes:
- Panceta Ahumada: 300 g. Cortada en bastoncitos.
- Carne: 1 kg. Paleta o Roast Beef. Cortada en cubos de unos dos centímetros. Puede haber una parte de carne de cerdo.
- Chorizo Colorado: Uno. Dos no hacen daño.
- Cebolla: Dos. Cortadas no muy chicas
- Ají Rojo: Dos. O uno rojo y uno verde. En cubos.
- Zanahorias: Dos grandes o tres medianas. En cubos.
- Tomates: Uno grande. Cortado en cubitos.
- Ajo: Tres dientes. Picados o aplastados.
- Cebolla de Verdeo: 300 g
- Caldo de Carne: Cantidad necesaria.
- Vino Tinto: Opcional. Aproximadamente un vaso.
- Sal, Pimienta, Ají Molido, Orégano, Pimentón Ahumado.
- Especias Dulces: Opcional.
- Lentejas: 300 g. Limpias y remojadas. O dos latas de lentejas en conserva.
- Papa, Zapallo, Batata: Opcionales recomendados.

Procedimiento:
Caliente la panceta en una olla grande, agregando un poco de aceite si es necesario para que no se queme.
Agregue la carne en cubos y dórela ligeramente de todos lados.
Agregue la zanahoria y la cebolla y siga cocinando hasta ablandarlos.
Agregue el chorizo colorado, el morrón, y el ajo. Siga que ya falta poco.
Cuando le parezca que el morrón ya está ablandándose y el chorizo empezó a soltar su sabor, agregue el tomate y puede desglasar con vino si quiere.
Agregar caldo de carne hasta cubrir todo.
Cocinar a fuego lento aproximadamente una hora, o hasta notar que la carne está tierna.

Ahora vienen las variaciones. Si tiene lentejas secas, las agrega ahora y las cocina lo que haga falta. Si las cocinó con anticipación (sin sal, porque las lentejas hervidas con sal se endurecen) o si va a usar lentejas de lata, las tiene que agregar diez minutos antes de terminar de cocer.

Si va a poner papa, batata y zapallo (gran recurso para alargar el guiso cuando se le suman comensales inesperados) o los cocina aparte y los agrega al final o los pone en la olla y que se hagan el el caldo junto con las lentejas.

Locro

Mentira. Carbonada. A mi el locro no me gusta, de modo que no lo preparo nunca y como consecuencia, en este recetario no va a encontrar receta correspondiente.

En su lugar, yo hago carbonada. Parece ser que esta carbonada criolla es una variación de una receta belga que se cocina en cerveza. La carbonada criolla servida en zapallo es tan vistosa como arriesgada (porque si no se anda con cuidado, el zapallo se rompe y es un asco), pero es una preparación simple y benévola. Servida en plato o cazuela, pierde riesgo y espectacularidad, pero casi nada de encanto gastronómico. Los aficionados a la carbonada valoramos particularmente la presencia de frutas en el guiso. Y ese el el origen de la guerra santa entre los aficionados al locro y nosotros.

Hierva dados de papas, batatas, rodajas de choclo, duraznos, manzanas y peras. Si usa frutas secas en lugar de frescas, las puede remojar en agua o en vino blanco en lugar de precocinarlas. Mantenga aparte.

Arranque más o menos como con el guiso de lentejas. Dore en la olla panceta y cubos de carne. Después agregue cebolla, zanahoria, apio y morrón. Rehogue todo junto. Moje con vino para levantar del fondo de la olla todo lo que se pudo haber pegado. Cubra con caldo

de carne y cocine hasta que la carne esté tierna.
Agregue los vegetales y cocine un rato para calentar e integrar sabores.
Si quiere servir en zapallo, tome un ejemplar de cuatro o cinco kilos, corte la parte superior para hacer una tapa. Si es con cabo mejor, porque le sirve de asa. Saque las semillas y las fibras del interior del zapallo. Ponga en el interior y en la tapa un par de cucharadas de manteca, un vasito de leche, sal, azúcar y pimienta.
Cocine cerrado con su propia tapa en horno moderado unos cuarenta minutos, pero vaya fijándose que no se ablande demasiado porque necesita cierta solidez estructural.
Cuando el zapallo esté listo, se rellena con el guiso, y se lleva de nuevo al horno. Si teme que el zapallo pueda romperse en esta etapa, envuélvalo en papel de aluminio.
De sirve con una cuchara grande, tomando parte del zapallo con cada porción de carbonada.

Tomate

Aunque el tomate es el fruto de una planta de la familia de las Solanáceas, es considerado universalmente como una hortaliza[11]. El conocido parentesco de la planta con las Solanáceas venenosas tales como la belladona, la mandrágora y el beleño hizo que fuera rechazado como alimento en muchos lugares hasta hace poco más de un siglo. El tomate es originario del continente Americano, pero para cuando fue llevado a Europa, la planta ya había sido domesticada o seleccionada para dar frutos más grandes que los silvestres. Las primeras referencias al tomate en Europa datan de mediados del siglo XVI. El herborista Mathias de L'Obel escribió en 1581 acerca del tomate: 'Algunos italianos comieron estas manzanas como si fueran melones, pero el fuerte hedor que desprendían da

---

11 Eso pasa porque el sindicato de cocineros tiene más afiliados e influencia que el de botánicos.

suficiente información acerca de lo insalubres y perniciosas que resultan en la alimentación'. Suponiendo que fueran los tomates y no los italianos la fuente de ese fuerte hedor, lo que está más que claro es que Mathias no probó los tomates y se quedó con el prejuicio. En 1820, en los Estados Unidos de Norteamérica, un tal Robert Gibbon Johnson adquirió cierta notoriedad local comiéndose un tomate en las escaleras del edificio de la Corte de Justicia de Salem, en New York. No se lo recuerda por ninguna otra hazaña y, como diría Andy Warhol muchos años después, fueron sus quince minutos de fama; y después siguió pintando una lata de sopa de tomate Campbell. En cualquier caso, Johnson sobrevivió a la Solanácea y dio un paso importante en la aceptación de los tomates como alimento en el mismo continente del que son originarios. Notable.

Classico Ragu Bolognese

Después del queso Cheddar, la salsa bolgnesa es el alimento más vilipendiado de todos los conocidos por la humanidad. La idea de que se trata de salsa de tomate con carne picada está tan difundida como equivocada. Para empezar por el principio, la salsa bolognesa tiene su origen el el *ragu bolognese*, que ya era famoso en el siglo XV. En ese tiempo, el tomate no era conocido en Europa, por lo que no debe sorprender que la legítima salsa bolognesa no tenga demasiada relación con la encarnada Solanácea[12].

Como la tentación de arruinar lo bueno es universal, la Delegazione Bolognese della Accademia della Cucina, tomó el toro por las astas y luego de realizar largas y laboriosas indagaciones de índole histórica, social, ambiental, comercial, turística y folcklórica, y habiendo además llevado a cabo consultas públicas y abiertas a todos los estratos sociales de la ciudad de Bologna, decidió depositar la

12 Encarnada Solanácea = Tomate. Pero aviso que no pienso traducirlo todo.

receta del Ragú Classico Bolognese en la Camera di Commercio, Industria, Artigianato e Agricoltura di Bologna, el día 17 de octubre de 1982. Desde ese día y hasta el fin de los tiempos, la Salsa Bolognesa será siempre la misma. Preparaciones similares podrán concebirse y ejecutarse, inclusive alguna de ellas podría -quizás- ser mejor en algún sentido. Pero no será Ragu Classico Bolognese.

A continuación va la receta y el procedimiento tal como fueran depositados:

Ingredientes
- Entraña de ternera: 300g
- Panceta salada: 150g
- Zanahoria: 50g
- Tallo de apio: 50g
- Cebolla: 30g
- Puré de tomates: 5 cucharadas
- Vino blanco seco: 1/2 vaso
- Leche entera: 1 vaso
- Nata de la cocción de 1 litro de leche entera.

Utensilios necesarios
- Una cacerola de barro de 20cm
- Una cuchara de madera
- Un cuchillo medialuna

Procedimiento: Se calienta lentamente la panceta picada con la medialuna en la cacerola de barro. Se agregan los vegetales también picados con la medialuna y de las deja ablandar sin tomar color.

Se agrega la entraña pasada por la picadora y se la remueve con la cuchara de madera hasta que comience a cocerse uniformemente. Se incorpora el vino y el puré de tomate. Si la preparación se nota muy seca pueden agregarse unas pocas cucharadas de caldo.

Se deja cocinar a fuego bajo durante dos horas aproximadamente, agregando de vez en cuando un poco de la leche.

Ajustar el sabor con sal y pimienta.

Es opcional pero muy recomendable agregar al final de la cocción la nata de la cocción de un litro de leche entera.

Tal preparación -termina diciendo la Delegación de la Alta Academia de la Cocina Italiana- es la más ajustada a la fórmula que garantiza el gusto clásico y tradicional del verdadero Ragú Bolognese; el mismo que se hace, se cocina, se sirve y se saborea en las casas de familia, en las trattorias y en los restaurantes de la
'Dotta e Grassa Bologna'.

Como debería ser evidente, en la receta original el tomate es casi un condimento, por lo que aquellas preparaciones de tomate con carne deben considerarse meras perversiones de la verdadera Salsa Bolognesa.

Tortilla de Papas Crota

Si tiene ganas de una comer tortilla de papas pero no tiene mucho tiempo para prepararla por su cuenta, entonces tiene tres opciones: La va a buscar a una fonda como Baromero o sigue leyendo.

Para acortar el tiempo de preparación y algo del enchastre, se usan papas fritas de paquete.

Para cuatro buenas porciones necesitará:
- Un paquete de papas fritas de 150 gramos.
- De 6 a 8 huevos dependiendo del tamaño de los mismos y lo seca que le guste la tortilla.
- Una cebolla grande.
- Aceite.
- Sal y pimienta: a gusto. Cuidado: Las papas ya tienen sal.
- Chorizo colorado opcional.

Rompa los huevos y bátalos en un bowl bastante grande porque no van a ir solo los huevos. Opcionalmente puede agregar pimienta. Sumerja en el bowl las papas del paquete. Revuelva con cuidado para mojarlas en el huevo batido pero no romper demasiado las papas. Mientras las papas se humedecen un poco, corte la cebolla en pluma y sancóchela en una sartén de unos 30 cm, que es la que va a usar para la tortilla.

Lleve la cebolla sancochada al bowl y mezcle inmediatamente, porque la cebolla caliente podría empezar a cuajar el huevo.

Con respecto al uso del chorizo colorado, existen tres irreconciliables escuelas de pensamiento. La primera de ellas reniega de su uso, alegando que la sublime perfección de la clásica tortilla de papas no lo requiere. los detractores de esta escuela afirman que se trata de una secta de fanáticos religiosos que buscan primero eliminar el chorizo colorado, en una segunda etapa anatemizarían a la cebolla y finalmente terminarían por eliminar todo lo que tenga sabor de su inmaculada aunque estúpida tortilla.

Una segunda escuela, que algunos autores califican abiertamente como fundamentalistas del chorizo colorado, exige a sus adherentes utilizar el embutido -cortado en ruedas exclusivamente- desde las primeras etapas de la preparación. Así, el chorizo libera lentamente sus grasas y condimentos y será en ese aceite enriquecido donde se rehoguen las cebollas.

La tercera escuela, que es aborrecida por las otras dos por considerarla tibia y complaciente, aboga por la incorporación de cubitos, ruedas o medias ruedas de chorizo al amasijo de papas y huevos junto con la cebolla rehogada. De este modo, dicen ellos, la tortilla goza de los beneficios del chorizo colorado sin que se lo pueda considerar invasivo. Con el chorizo usted haga lo que le parezca, pero si me preguntan como hago yo, le cuento que corto el chorizo en trozos pequeñitos (cubos de menos de medio centímetro de lado digamos) y los agrego a las cebollas un rato antes de terminar su cocción.

Ahora hay que cocinar la tortilla. Todo el procedimiento que sigue se facilita enormemente si la sartén tiene recubrimiento antiadherente. O no, pero está muy bien curada.

Se calienta la sartén a la que le habrá quedado algo del aceite de las

cebollas y el chorizo -agregándole más si parece necesario- se vuelca la mezcla de papa, huevo y cebolla y se nivela. Al momento de volcar la mezcla, la sartén se enfría rápidamente, pero no está mal porque de otro modo el huevo se quemaría. Despegue el borde de la tortilla de la sartén usando una espátula no metálica para no dañar el cacharro. Golpee el mango de la sartén para impedir que el piso de la tortilla se pegue. Vuelva a pasar la espátula por el borde y repita hasta que considere que ese lado de la tortilla está listo.
Ahora dé vuelta la tortilla.
Eso es más fácil de decir que de hacer y no puedo evitar recordar la receta del 'Estofado de Oso de Kentucky' que comienza asi: 'Primero consiga un oso'.
No intente dar vuelta en el aire una tortilla de seis huevos; es demasiado grande para esa acrobacia. Mejor use un plato, una tapa o una bandeja más grande que la sartén. Sostenga la sartén con su mano hábil y el plato como tapa con la otra. De vuelta las dos cosas a la vez. Si sale mal pero recupera algo de tortilla, ponga cara de póquer y diga que está sirviendo la famosa 'Deconstrucción de Tortilla Española' de Ferrán Adriá, y asunto arreglado.

De Carne Somos

A Mis Amigos Vegetarianos

Es bien sabido lo triste, lo vergonzoso y lo común que resulta la confusión de la correlación con la causalidad. Correlación existe cuando dos fenómenos suceden simultáneamente y causalidad existe si se puede afirmar que la aparición de uno de los fenómenos implica la aparición del otro. Por ejemplo, sobrepeso y enfermedad cardíaca aparecen muchas veces simultáneamente. Eso es correlación y es indiscutible. Uno podría decir que la enfermedad cardíaca produce sobrepeso. Eso sería *causalidad*, pero es discutible. Para terminar la discusión y poder asegurar que esa hipotética relación de causalidad es real, habrá que hacer algún experimento o tener alguna teoría que la explique o la justifique. Y supongo que ya sabe que la teoría y los experimentos indican que es justamente al revés: El sobrepeso favorece la enfermedad cardíaca.

Epistemologías aparte, parece haber, por lo menos, correlación entre el aumento de la inteligencia en la humanidad primitiva y el consumo de carne. Las dos cosas pasaron más o menos en la misma época, si se tiene en cuenta lo difícil de hacer una estimación semejante. Pero hay una teoría que puede validar la hipótesis de que comer carne nos hizo más inteligentes.

Resulta que las hojas, las raíces y los tubérculos crudos --que sin poder correr, esconderse, defenderse o contraatacar-- son muy fáciles de obtener, pero como contrapartida tienen relativamente pocos nutrientes y requieren un proceso de digestión que consume bastante energía. El homínido herbívoro habría necesitado buenos dientes, muchísima masticación y una buena panza para digerir esos alimentos, pero del proceso sobraba poca energía para el cerebro. Aproximadamente en la misma época en la que los homínidos primitivos incorporaron carne a la dieta, sus cerebros pudieron desarrollarse más y la especie medrar merced a una inteligencia superior. Podría haber otras explicaciones que invaliden esta hipótesis o inclusive validen la hipótesis contraria. Por ahora no sabemos lo cierto y quizás nunca lo sepamos.

Por otra parte, no creo que haya muchas dudas acerca de que el procesamiento de animales destinados al consumo humano es, por decir poco, cruel. Lo quiero ver a usted, comedor serial de asados, teniendo que matar y carnear a su vaca. También podría comerse a su perro, ¿no?. ¿Qué no tiene corazón para hacerlo? Permita entonces que otro lo mate y se lo coma. También puede mandar a su caballo a un frigorífico y que allí se encarguen.

Pero para renunciar al derecho de comer lo que creo que es mejor para mí, me gustaría que me digan que piensan hacer con el ganado que queda en pie. ¿Matamos el ganado? ¿Lo dejamos como está? ¿O dejamos que la carne se la coman aquellos que tengan más dinero y menos escrúpulos que nosotros? Porque si está mal comer carne, espero que matar un animal sea un delito tan grave como matar a una persona humana.

Yo personalmente no quiero que nos hagan comer verdurita solamente para aumentar un saldo exportable, haciéndonos (potencialmente) más estúpidos en el proceso.

¿Por qué Cocinamos la Carne? ¿Eh?

Ya que estamos con Historias y Antropologías, usted podría decirme que si la carne es parte de nuestra dieta desde el origen de la humanidad, ¿Porqué la tenemos que cocinar? ¿Eh?
La respuesta a esa excelente pregunta es que lo hacemos por varios motivos. Históricamente, la cocción pudo permitir almacenar algún tiempo adicional la carne recién cazada que no pudo ser consumida. Actualmente no tenemos ese problema, aunque todavía debemos librarnos de microorganismos nocivos y parásitos que pueda contener la carne. Otro motivo es que la carne cocida es más fácil de masticar y digerir. Finalmente, la carne cocida es más apetitosa, en particular cuando fue asada y la superficie está dorada por las reacciones de pardeamiento o de Maillard, que es lo que sucede cuando se la expone a alta temperatura.
Hasta el momento de su muerte, el cuerpo de todos los seres vivos está combatiendo constantemente enfermedades, infecciones, etc. Los animales que cazan, atacan presas vivas, presumiblemente sanas y las comen inmediatamente; de ese modo no hay tiempo para que se contamine la carne. Los animales que comen carroña, como contraparte, disponen de sistemas digestivos especializados con enzimas poderosas que les permiten comer carne en descomposición. Aparentemente, la humanidad primitiva no actuaba de ninguna de estas dos maneras, sinó que cazaba y transportaba la presa al refugio, y para combatir la contaminación originada en la demora y en el transporte, pudo usarse la cocción.
La carne que comemos habitualmente los humanos ha sufrido tantas manipulaciones que es prácticamente imposible garantizar que no se haya contaminado. En este sentido, el pescado y la vaca son algo más seguras que el cerdo y el pollo. Por algo existen el Sushi y el Steak Tartare, pero no hay equivalentes con cerdo y pollo.
¿Porqué *no deberíamos* cocinar la carne? Porque si no tenemos cuidado, la carne se reseca y endurece excesivamente, con lo que la

masticación se dificulta y a la abuela se le afloja la dentadura. Sin contar con que es un asco.

Horror Vacui

Por motivos que me son desconocidos, el vacío de ternera cuenta con una infinidad de detractores. Inexplicablemente, entusiastas detractores de algunas cosas tienen razones desconocidas hasta para ellos mismos. Si usted cree que la manifiesta enemistad hacia el vacío podría deberse a lo fibroso de la pieza, vaya sabiendo que al vacío se lo come mejor con un cuchillo afilado, cortando a través de la fibra, y no a lo largo. Si lo hace de ese modo, la sensación en la boca no será la de un puñado de hilos difícil de masticar, sinó la de un bocado más cremoso y tierno.

Milanesa

La milanesa se cosecha lista para comer en Baromero. Pero si se ve en el aprieto de tener que hacer sus propias milanesas, recuerde que como se explicó con el vacío, la forma en la que se corta la carne influye mucho en como se percibe en la boca. La orientación de las fibras musculares en el peceto o redondo de ternera hace que al cortarlo para preparar milanesas éstas queden natural y automáticamente más tiernas.

Los Puntos de Cocción de la Carne

La carne cruda es blanda, pero poco masticable ya que tiende a más a comprimirse entre los dientes que a cortarse. Una de las ventajas de la cocción es que ésta cambia la textura de la carne de un modo que la hace más masticable.

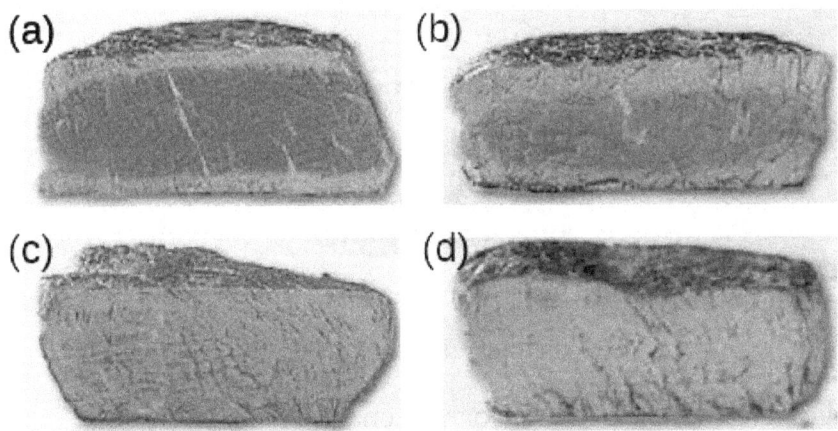

Aspecto de los distintos puntos de cocción.

Cuando la temperatura de la carne alcanza 50°C comienza la coagulación de la proteína miosina, contenida en las fibras musculares. Cuando las moléculas de la miosina se unen unas a otras, 'exprimen' el agua que las separaba con lo que la textura cambia radicalmente y el agua tiende a escurrirse por los bordes de la pieza de carne o por vetas entre las fibras musculares.

Cuando la temperatura alcanza los 60°C se coagulan más proteínas, pero cerca de los 65°C el colágeno que forma el tejido conectivo de las células se contrae y expulsa más líquido. En ese momento la carne asada se contrae visiblemente, expulsando aún más líquido y se seca irremediablemente.

A partir de los 70°C el colágeno comienza a disolverse para formar gelatina. Las fibras musculares siguen tan secas como antes, pero al estar separadas por la blanda y suculenta gelatina, la carne se siente tierna.

Como la temperatura que mata la mayoría de los gérmenes es de 70°C, parecería que es imposible comer carne segura sin recocinarla o guisarla. Sin embargo, debido a que la bacterias no están en el interior, basta con calentar suficientemente el exterior, lo que -de paso- tenderá a crear una apetitosa capa tostada.

Puntos de la Carne Asada

Grado	Descripción	Temp. Interior °C
Crudo	No cocinado del todo. En interior rojo/sangriento.	<46 °C
Sellada	Muy rojo y frío. (blue rare)	46 - 52 °C
Medio Cruda	Rojo en su interior. La zona exterior rosada. (Foto a)	52 – 55 °C
Término Medio	El interior rojo y caliente, el exterior rosado. (Foto b)	55 – 60 °C
Tres cuartos	En su mayoría gris-marrón con algunos toques rosados. (Foto c)	60 – 70 °C
Muy hecha o cuatro cuartos	En su mayoría gris-marrón sin zonas rosadas. Las bacterias mueren y la carne también. (Foto d)	>71 °C

Con la carne picada, la situación es completamente distinta. Las bacterias que pudieron estar solo en el exterior de la pieza antes de picarla, ahora se distribuyen en todo el volumen por lo que es indispensable llegar a más de 70°C en el centro de la hamburguesa[13], la albóndiga o el pan de carne.

Cómo Hacer un Bife de Chorizo Cuando el Bife de Chorizo es Así de Alto

Si tiene la fortuna de hallarse en la posesión de una buena porción

---

[13] Si a usted le gusta la hamburguesa jugosa, hay un método. Queda su descripción para el libro 'Nuevas Recetas del Chef Croto'.

de un buen ojo de bife o bife de chorizo -una pieza de medio kilogramo aproximadamente digamos- y la quiere cocinar entera, usted sabe que tiene un desafío. De otro modo no estaría leyendo esto.

El inconsciente o desprevenido pondría la carne en la plancha o la parrilla y la sacaría cuando el exterior luzca apetitoso. Lamentablemente, la apetitosidad externa no impediría el congelamiento interior. El núcleo del bife puede estar, no ya crudo, sino helado.

El desconfiado razonaría que siendo tan gruesa la pieza, deberá cocinar durante mucho tiempo. Es el desconfiado quien descubre la diferencia entre reacción de Maillard y carbonización.

El temeroso cocinaría largo tiempo a fuego bajo. El resultado suele ser un bife hervido en su jugo.

Un método que si funciona es, partiendo de carne completamente descongelada y a temperatura ambiente, mantener la pieza cubierta a unos 40-42ºC durante más o menos una hora. La idea es que el núcleo del bife llegue a esa temperatura. Eso requiere un fuego muy bajo, un difusor de calor y bastante cuidado para no cocinar la carne. Si no tiene un termómetro, presione la carne con los dedos y asegúrese de que la consistencia es la misma que la de la carne cruda. Si está más dura, el calor fué excesivo. Más suerte para la próxima vez.

Durante el proceso la carne pudo haber soltado agua. Elimínela, ponga la carne aparte y tapada para que no se enfrie mucho.

Ahora ponga la plancha o la sartén al máximo. Esto se hace con la carne afuera porque si calienta todo junto la carboniza. Como ya aprendimos con las termografías de los cacharros, una plancha o una sartén de fondo triple tardan bastante en calentarse, pero una sartén de acero lo haría rápidamente.

Ahora pase la carne a la sartén y cocine a fuego máximo hasta tener una buena superficie dorada de cada lado. Si todo va bien, para cuando haya terminado de dorar el interior habrá llegado a los 60ºC de una carne a punto. Presione con el dedo para asegurarse que la carne se sienta elástica, no dura, no blanda.

Si le quiere dar un toque no muy criollo pero no por eso poco apetitoso, ponga un par de cucharadas de manteca en la sartén y vaya mojando la carne con la manteca fundida. A la manteca le puede agregar romero o tomillo, y si me jura que no los va a quemar, ajos aplastados.

Cuando terminó de cocinar, conviene dejar la carne resposando unos cinco o diez minutos en un plato de modo que no se enfrie demasiado. Esto uniformiza la temperatura interna y redistribuye los jugos.

La pimienta negra molida se pone de cada lado del bife cuando va a la sartén, pero cada uno sala la carne cuando le parece. Puede ser poca y fina junto con la pimienta o bastante sal gruesa cuando la dá vuelta.

La manteca con hierbas y ajo que queda en la sartén puede (yo digo que debe) formar la base de una salsa para mojar el bife. Para eso puede desglasar con demi-glace, salsa de soja o inglesa. Se reduce un poco y al bife.

Carpaccio

Alrededor de 1950, la condesa italiana Amalia Nani Mocenigo sufría de anemia y su médico, en lugar de darle pastillas o una dieta de hígado, morcilla y lentejas[14], le indicó que comiera carne cruda. Para la aristócrata, la idea de comerse un churrasco sin pasarlo por la sartén o la olla era un asco. Por eso consultó con mi colega el Chef Giuseppe Cipriani para ver si la ciencia culinaria podría ofrecer

---

14 Ya nos enteramos de que las espinacas no tienen tanto hierro como se dice por ahí. En 1870, a Erich von Wolf se le corrió una coma cuando les midió el contenido de hierro, multiplicando el resultado por diez, valor erróneo que fue copiado sin revisar durante décadas.

alguna solución. El bueno de Giuseppe cortó entonces finísimas láminas de lomo de vaca y las aderezó con jugo de limón y aceite de oliva y las decoró con virutas de queso parmesano y alcaparras. A la condesa le encantó aquel plato y ambos se preguntaron que nombre ponerle a la nueva receta. Cipriani, bautizó el plato en honor al pintor renacentista Vittore Carpaccio, de quien se dice que pintaba unos lindos rojos. Con ese criterio también hubieran podido bautizarlo 'Sherwin Williams'.

La receta ya está dada, por lo que queda explicar el procedimiento para elaborar un carpaccio. Hay que conseguir lomo de ternera, vaca o buey. No importa tanto. Lo que si es *importantísimo* es que sea fresco. El carpaccio, como se ha dicho, se come crudo y para que no sea un asco, la carne debe ser muy fresca. El lomo se pone en el freezer y cuando está muy muy frío pero no totalmente congelado, se usa un cuchillo ultra afilado para cortar fetas delgadas. Si -por el motivo que fuere- no puede hacerlo de este modo, puede intentar cortar rodajas más gruesas, ponerlas entre papeles anti adherentes y aplastarlas con un palote y mucho cuidado, porque lo que se necesita son láminas de carne y no carne picada.

Como sea que las haya obtenido, las láminas de lomo se disponen en un plato y se condimentan con limón, aceite de oliva y sal en escamas. Se termina el plato con virutas de queso parmesano y alcaparras.

Exégesis de la Historia del Carpaccio

Ignoro como le fue a la condesa con su enfermedad, pero estoy casi seguro de que cuatro, cinco o diez fetitas de lomo no le curan la anemia a nadie. Aunque las coma en desayuno, almuerzo, merienda y cena.

Steak and Kidney Pie Croto

Esta es la interpretación crota de un plato del que cualquier inglés le dirá que es imposible preparar lejos de las Islas Británicas. A mi, esas opiniones me importan poco, y lo cocino lo mismo. Quizás usted sea de la misma idea y en ese caso necesitará solo para el relleno:

- Tapa de asado o un corte similar: 700 g.
- Riñón de ternera: 350 g
- Harina: Media taza
- Cebollas: Dos o tres.
- Zanahorias: Dos o tres.
- Caldo de carne: Una taza, más o menos
- Perejil: Un buen puñado
- Huevos: Uno
- Sal, pimienta, aceite, manteca

Corte la carne en dados de unos tres centímetros de lado.
Limpie el riñón y córtelo como la carne.
Corte las cebollas en juliana o en pluma.
Corte las zanahorias en cubos de tres centímetros también.
En un bowl grande ponga la harina, con algo de sal y bastante pimienta.
Lleve carne y riñón al bowl y remueva para enharinar todo.
En una olla o sartén grande caliente aceite, o aceite y manteca o grasa a fuego fuerte y vaya agregando carne y riñones en pequeñas porciones, para que no baje mucho la temperatura del cacharro. Deje dorar sin mover y luego remueva para dorar otro lado. Con fuego fuerte debería llevarle dos o tres minutos por porción. Retire y reserve. Reponga materia grasa en la sartén si es necesario. Repita hasta terminar de dorar toda la carne y riñones.
En la misma sartén ponga las cebollas y las zanahorias y saltee durante seis u ocho minutos hasta que estén tiernas.
Vuelva a poner en la sartén la carne, caliente y agregue un poco del caldo para desglasar el fondo y empezar a hacer una salsa.

Cocinar a fuego muy bajo por una hora y media o dos, hasta que la carne y los riñones estén tiernos. Agregue caldo de vez en cuando si hace falta. Antes de terminar, agregue el perejil picado. A veces se le agregan champignones salteados, pero a mi me parece que se pierden.

Vaya precalentando el horno a 200°C

Ahora me pongo bien croto y paso la parte de la cubierta. El Steak and Kidney Pie Croto puede ir en un molde cubierto arriba y abajo por masa (de hojaldre o de la otra) como si fuera la tarta pascualina de su tía, si el relleno le gusta o le salió más bien seco. Si es caldoso y caliente el piso de la tarta se va a romper. Si va a servir desde la fuente de horno, quizás no importe. O quizás si. Pero algún riesgo tiene que tomar, ¿No?. Si le gusta caldoso y quiere masa en el piso, por lo menos deje enfriar el relleno, que con un poco de suerte el piso de la tarta se salva. Puede poner solamente una tapa de masa al molde. La masa la puede hacer usted o la puede comprar hecha.

O puede ponerle una tapa de puré de papas.

En cualquier caso, pinte la superficie de la cubierta con huevo batido y mande al horno hasta que se dore.

El Steak and Kidney Pie es una comida típica de pub, donde lo puede comer acompañado con cerveza y rodeado de ingleses.

De Carne Somos

Para mí, sin Soda. Gracias

No creo que sea muy importante saber el origen de una comida o una bebida para disfrutarla. A mí, por lo menos, me resulta interesante. Pero además, son conocimientos que a más de cuatro han transformado en el alma de la fiesta. Y si de fiestas estamos hablando, ¿Porqué no hablar de bebidas?

Gin Tonic

Con el Gin Tonic, la cosa es más o menos así: La esposa de un virrey de Perú se curó la malaria consumiendo la corteza del árbol de Cinchona. Imagino que, como pasa actualmente, el dato de la efectividad de tan exótico producto se lo pasó algún médico de un pueblo originario. La noticia de la curación llegó a Europa, donde se comenzó a buscar el principio activo de la corteza de chinchona, que resultó ser un polvo amargo como caldo de sapo[15], al que llamaron quinina.

Los ingleses, con esa costumbre que tienen de meterse en territorios ajenos, estaban conquistando la India pero perdiendo por paliza contra el animal más peligroso, molesto y desagradable de toda la

---

15 La presente obra no incluye la receta del Caldo de Sapo.

creación que es el mosquito (bueno, lo admito, es posible que algunas personas sean peores que un mosquito). El díptero hematófago de marras transmite, entre otras cosas pestes, la malaria, que como sabe cualquier inglés que pasó por la India, es dolorosa, le confunde con fiebre que va y viene y le mantiene cerca de un retrete por miedo a defraudar a Su Majestad británica arruinando el uniforme.

Para curar la malaria era necesario tomar periódicamente una cierta cantidad de quinina, y para disimular lo amargo del producto, solía mezclarse con azúcar, limón, agua y gin, creando de este modo una especie de Proto-Gin-Tonic.

Resulta que uno puede hacerse un jarabe de quinina y preparar una bebida que causará sensación entre grandes (con gin) y chicos.

Jarabe de Quinina

Para prepararlo, puede procederse del siguiente modo: Consígase por lo menos 50 gramos de corteza de chinchona. La mia yo la consigo en el barrio chino de Buenos Aires. Tenga a mano vodka o alcohol de cereal (aquél que se puede usar para hacer licores[16]) unos limones, clavo de olor, canela. Otras especias valen también.

Primero haga un lindo barro con el polvo de chinchona y un vaso de vodka o alcohol de cereal.

Después hay que preparar un almíbar con agua, un montón de azúcar, jugo de limón, las cáscaras de los limones exprimidos y las especias que le parezca. Después de que el almíbar se haya perfumado y espesado hay que colarlo. Eso es muy fácil.

El inconveniente es que también hay que filtrar el barro de quinina para que el jarabe terminado quede hermoso y translúcido como miel adulterada. Hay que armarse de paciencia porque la chinchona

---

16 En Argentina, el alcohol medicinal no tiene metanol y podría -quizás- usarse directamente. En otros lugares no lo sé. En todos los lugares, sin embargo, se recomienda usar alcohol de cereal o triplemente destilado. El metanol es un tóxico poderoso con el que no se anda haciendo pruebas.

tapa al instante cualquier filtro que le pongan en el camino. Usando filtros para café, no le sorprenda que necesite unas ocho horas para filtrar. En este momento, todo vale: Puede cambiar el papel de filtro, puede reemplazarlo por un trapito que pueda retorcer, puede agregar mas líquido. De todos modos, lo mejor es irse a dormir.

Cuando el barro esté filtrado, el jarabe estará frío -en realidad, para ese momento hasta el infierno pudo haberse enfriado- y es momento de unir las dos sub-preparaciones. Y ya está.

Modo de uso: Más o menos una medida de jarabe, tres medidas de soda de sifón y algo así como una medida de jugo de limón crean la parte Tonic de la bebida. Una medida de gin completa el trago para adultos o ingleses con paludismo.

Usted pudo haber visto otros métodos para hacer el jarabe. De todos ellos quiero desaconsejar el que infunde la chinchona en el almíbar. Se puede, y de hecho mi primera prueba fue con ese método, pero cuando usted quiera filtrar un jarabe espeso cargado de partículas finísimas se va a acordar de mí.

Según Wikipedia, la quinina se disuelve mucho mejor en etanol (o sea vodka sin su parte aguachenta) que en agua, por lo que la extracción con vodka parece más que razonable.

Advertencia: La quinina es un poco tóxica. Por algo mata al plasmodio de la malaria ¿No?. Excederse en el consumo de quinina es peor idea que poner la advertencia al final de la receta. La intoxicación por quinina se llama cinconismo y se caracteriza por dolores de cabeza, náuseas y alteraciones visuales y auditivas.

Avena

La avena está más o menos de moda y es una suerte, porque es un producto noble y sano. Pero resulta que quizás no hubiera sido de este modo si no fuera por un muchacho llamado Henry Crowell, residente de Ravenna, Ohio, EEUU, que en 1881 compró un molino en bancarrota y se dedicó a convencer a la gente que comiera algo que hasta entonces solo comían los caballos y algunos escoceses. La avena de Crowell se vendía en un paquete que se apilaba fácilmente, lo que resultaba ventajoso para los comerciantes, y además era atractivo para les compradores, que adquirían un producto de calidad y peso uniformes. Y si todo esto no fuera suficiente como para transformar a la Avena Quaker en un éxito de ventas, la cara de un cuáquero estampada en el frente del envase evocaba en los potenciales compradores la idea de honradez y limpieza.

Atholl Brose

Cuenta una antigua leyenda escocesa que en el condado de Atholl había un gigante a quien se conocía como 'Gigante de Atholl'. Porque si bien ahora no pasa, parece ser que en aquella época había un gigante en cada condado que se preciara de tal.
El Gigante de Atholl daba tanto miedo que ni se habían animado a preguntarle el nombre y hacía lo que hacen todos los fortachones que se creen gran cosa: Perjudicaba a los residentes de Atholl, comiéndoles el grano y el ganado y robándose su whisky. Al grandote le pasó lo que le pasa a todos los grandotes perversos en las películas de Hollywood ambientadas desde la época de David y Goliat hasta Alien, por lo menos: Se cruzó con uno más vivo que él. En esta leyenda, el listo es Dougal el Cazador; quien hecho una furia, se fue a la mismísima residencia del gigante y usando su propia despensa, le preparó una especie de porridge pantagruélico con avena y whisky. Después endulzó el potaje con miel para disimular el alto contenido alcohólico. Dougal dejó a la vista la bebida y se escondió a esperar.
Con el gigante ya borracho y bien dormido después de terminar hasta la última gota del ominoso brebaje, fue fácil para Dougal el Cazador terminar[17] con el ciclo de expoliación del condado de Atholl

---

17 Ex-profeso se han omitido los detalles truculentos con el exclusivo fin de mantener apto para todo público el contenido del recetario.

y -habiendo recorrido la ida y la vuelta del camino del héroe- retornó a su aldea triunfante y con la receta del Atholl Brose en el bolsillo.

La palabra 'brose' (que está emparentada con 'broth' o caldo) refiere a una preparación hecha con avena sin cocinar, solo remojada en agua caliente. El Atholl Brose podría iniciarse de ese modo. Pero resulta que ni los mismísimos escoceses se ponen de acuerdo en la receta, por lo que lo que hago ahora es explicar las bases y que cada uno pruebe y decida que es lo que más le gusta.

La primera fuente de discordia es el método de preparación de la base. La leyenda original habla de avena con whisky, pero es muy común que se prepare el agua de avena usando, justamente, agua y avena. La extracción de sabor con whisky es más completa y la bebida resultante mucho más contundente porque no tiene agua. Pero como la avena se descarta luego de hacer la extracción, se lleva consigo algo de valioso whisky. Por otra parte, la infusión prolongada de avena en whisky también podría hacer que el alcohol se evapore en parte. Personalmente, entiendo que los austeros escoceses no avalan este desperdicio.

La segunda fuente de discordia es el agregado de crema de leche. Está el escocés que le pone y el escocés que no le pone. Yo -que tengo exactamente un tercio[18] de sangre escocesa- le pongo, pero siempre recomiendo probar[19].

El Atholl Brose confeccionado en cualquiera de las formas indicadas se puede conservar una semana en el refrigerador. A mi me dura bastante menos, pero nunca es por problemas con la cadena de frío.

El Atholl Brose se sirve frío sobre cubos de hielo y funciona como digestivo escocés o como somnífero para gigantes.

---

18 Sucede que tengo un extenso árbol genealógico.
19 Tiembla Baileys.

Para mí, sin Soda. Gracias

Toddy

Un Toddy es una bebida alcohólica que se sirve caliente. También puede ser una leche chocolatada que se sirve a cualquier temperatura que le guste, pero estoy seguro de que en este capítulo, tal acepción no le interesa a nadie. El Hot Lemmon Toddy se hace con agua caliente, limón, whisky y miel. Se suele agregar canela en rama (que se usa para revolver) y en ocasiones festivas, clavo de olor.

Hot Lemmon Croto

En el Hot Lemmon Croto se reemplaza el agua caliente por té.
Si quiere probarlo, comience preparando un té. El toddy es contundente, por lo que puede hacerlo tan oscuro como le parezca razonable. En un jarro adecuado, que puede ser de cerámica, se pone una taza del té, el jugo de medio limón y una buena cucharada de miel. Cuando se haya enfriado un poco y disuelto la miel pero todavía esté caliente como para ser consumido, agregue una medida de whisky. Se hace de este modo para evitar evaporar todo el alcohol.
El Hot Lemmon Croto se bebe en noches de invierno y le predispone a tener sueños agradables. Si lo toma con una aspirina, también restablece de enfriamientos.

Bloody Mary

Cuando la fiesta termina y uno se despierta a la mañana siguiente, puede sentir cierta sensación de malestar que, a fuerza de repetirse y repetirse, adquirió nombre propio: Resaca para nosotros y *hangover* para los angloparlantes. Los franceses dicen tener *mal aux cheveax* -algo así como que les duelen hasta los pelos- y los irlandeses sufren de *Brown Bottle Flu*, que sería la gripe de la botella marrón. Se han consumido barriles enteros de cerveza discutiendo las causas de la resaca y los métodos para remediarla, pero la verdad es que se sabe relativamente poco acerca de las causas y aún menos acerca de remedios efectivos. Solo algunas cosas son seguras, por ejemplo que el metanol contenido en algunos licores puede ser responsable de buena parte del malestar. Otra causa es la pérdida de electrolitos y vitaminas causadas por la metabolización del etanol. Además, el alcohol es un diurético, lo que tiende a sumar deshidratación y pérdida adicional de electrolitos.

El tratamiento para intoxicación con metanol es la ingesta de etanol. El vodka está casi totalmente libre de metanol, por lo que un traguito, quizás, podría ayudar a aliviar la resaca. Vitaminas se pueden reponer con un buen jugo de frutas y se me ocurre jugo de tomate y jugo de limón. Ahora, si a un montón de jugo de tomate con limón le agregamos un chorrito de vodka solo nos faltan algunos minerales para tener un alegre remedio para la resaca. ¡Pongámosle entonces un poco de pólvora negra!

La pólvora negra es salitre, azufre y carbón, ninguno de los cuales es venenoso. De hecho, mi querido abuelo aseguraba que su buena salud se debía a que desde los veinte años condimentó toda su comida con pólvora negra. Murió sorprendentemente lúcido a los 102 años, dejando cinco hijos, catorce nietos, 31 bisnietos, dos tataranietos y un boquete de tres metros en la pared del crematorio.

La mezcla indicada más arriba se llama *Bloody Mary*, se revuelve con un tallo de apio y se supone que ayuda a reponerse del malestar que causa no llevar la cuenta de lo que uno toma.

'Tamo al Horno

Budín de Pan Croto

El budín de pan es un gran postre. Es grande porque es delicioso, porque es fácil de hacer, porque es relativamente económico y porque con suficiente dulce de leche le hace olvidar lo malo que fue el día.

Para un Budín de Pan Croto serán necesarios 500 gramos de pan rallado. Si, pan rallado. Absorbe líquido que es una maravilla y parece que no alcanza para nada pero sale una cantidad sorprendente de masa. ¿Que no tiene pan rallado? Use pan viejo y seco o no tan viejo y séquelo en el horno. Está quien dice que debe retirarse la corteza. *La Methode Croto* favorece el máximo aprovechamiento de los alimentos disponibles, por lo que aquí se usa todo el pan. Si aún así usted le quiere retirar la corteza, hágalo a escondidas. Pero la remoja en leche y que se la coma el gato. No se la dé a las palomas, porque las palomas son un asco.

Budín Croto segundos antes de entusiasta ataque

Necesitará, además del pan:
- Leche entera: 1 litro
- Leche condensada: 1 lata
- Un poco de azúcar para la masa. Aproximadamente media taza quizás. Si no hay leche condensada habrá que agregar más azúcar y más leche. Otra taza de azúcar para el caramelo.
- Ralladura de la cáscara de una naranja.
- Esencia artificial de vainilla a gusto. En este mazacote seguramente no se justifica usar vainilla en serio
- Huevos: 5
- Las pasas de uva son opcionales.

Lo primero es hacer un caramelo en el molde elegido. Conviene que el molde elegido sea sea un Savarin. Se funde el azúcar a fuego muy bajo y se la va desparramando por el fondo y los bordes del molde usando la fuerza de gravedad y tenazas de herrero o bien unos buenos guantes de cuero para bombero, para soldar o similares[20], los que le permitirán ir girando el molde sobre la fuente de calor. Aleje al gato durante la maniobra.

Se deja todo en paz para que el molde acaramelado entre en equilibrio térmico con el ambiente y eso pasa, por no decir que es lo mismo, cuando el molde se enfría. Se entibia la leche y se la mezcla con el pan rallado. Se agrega leche (y eventualmente leche condensada) y se remueve hasta que quede un lindo pastón. Esto tiene que reposar un buen rato. Por ejemplo una hora. El pan tiene que estar bien húmedo para que no se noten pedacitos como de empanado de milanesa en el budín terminado, porque cuando pasa eso, es un asco. Se agrega el azúcar, la ralladura de naranja y la esencia de vainilla. Ahora hay que probar la masa y corregir lo que haga falta *antes de agregar los huevos*, porque nunca es una buena idea comer huevos crudos. Estos se rompen de a uno y de a uno se los va agregado a la masa[21]. Porque si hay una idea que es peor que comer huevos crudos, ésta la idea de comer huevos podridos. Se vuelca la masa en el molde ya frío y se manda al horno pero con la precaución de ponerlo a *baño maría*. Si alguien se pregunta porqué corchos debería hacerse eso, yo le cuento la posta: Si no lo hace así, se le quema el caramelo del fondo y es un asco. ¿Cuánta agua? Un dedo más o menos, y esté atento que no se le seque el baño maría. ¿Qué temperatura el horno? 160 - 180°C. ¿Cuánto tiempo se cocina? Para la altura de la masa en mi molde yo sé que necesito una hora. Señor Croto -dirá usted-, ¡Mi molde es diferente! ¿Cómo puedo saber cuando está listo mi propio espécimen de budín croto? El método recomendado es comenzar a vigilar el estado del espécimen a partir

---

20 Usted no sabrá que es una quemadura hasta que no se le haya pegado en la mano una gota de caramelo fundido a 140°C.
21 Ruego al buen Dios que no sea necesario aclarar que de hallarse un huevo en mal estado, este no debe agregarse a la preparación.

de los 45 minutos de horno. Cuando le dé la impresión de que su budín tiene aspecto apetitoso, puede pinchar la masa con un cuchillo o palito limpio, y debe salir limpio como entró. Más o menos. ¿Recuerda que se trata de un postre croto?

Se puede -y hasta conviene- agregar pasas de uva remojadas en una bebida espirituosa. Yo a veces las agrego porque a mi me gustan y a veces no las agrego porque me deprime ver gente escarbando mi comida y organizando un apartheid de pasas de uva en el borde del plato, como me suele pasar también con las empanadas.

El desmolde del manjar terminado ha de efectuarse con el budín ya frío y *mucha decisión*. El caramelo se habrá licuado y se corre el riesgo de hacer un enchastre que se lo encargo. Si no está segure, corte y sirva directamente desde el molde, agregando algo de caramelo líquido que rescatará con una cuchara. Opcional tradicional recomendado: crema batida y/o dulce de leche.

Clafoutis, Clafouties o Clafoutises

Un clafouti es una tarta *finoli-finoli* que se hace cuando el invitado no se merece que le presenten como postre un buen budín de pan y mucho menos un magnífico queso y dulce, que como sabe cualquiera, son los postres más perfectos y los que preparamos para agasajar a nuestros seres más queridos o, porqué no, a nosotros mismos.

Técnicamente hablando, un clafouti es una tarta de frutas con mínima corteza, en la que una masa similar a la de los panqueques rodea los trozos de fruta.

Clafouti de Peras

El clafouti de peras solo puede hacerse con peras, pero la misma receta y procedimiento es aplicable -*mutatis mutandis*- a frutos rojos, uvas, bananas o cualquier otra fruta relativamente blanda. No funciona bien con manzana, porque al intentar cortarla con cuchara se desgrana la masa y es un asco. Si, a pesar de la advertencia, usted quiere hacer clafouti de manzana, corte la fruta en trozos más pequeños, pero no le saque fotos porque va a quedar fea. Quizás pueda usar manzana previamente cocida, por ejemplo en compota. No lo probé, pero debería funcionar si la escurre bien.

Para la versión de peras para 4 personas necesitará:
- Huevos: 3
- Crema de leche: Una taza
- Leche: Una taza
- Sal: Una pizca
- Extracto de vainilla , 1 cucharadita
- Harina: 3 cucharadas colmadas
- Azúcar: 6 cucharadas colmadas
- Peras: 4 más o menos.
- Manteca para engrasar el molde
- Azúcar impalpable y bocha de helado: opcional a gusto

En un vaso de licuadora mezcle huevos, leche, crema de leche, sal y harina. La elección del recipiente no es casual, porque a continuación debe licuar durante un par de minutos. Nunca se olvide de tapar el vaso. Si no lo hace, la cocina va a ser un asco. Igual que se hace con la masa de panqueques, deje reposar en el vaso al menos una hora para que la textura sea uniforme.

Precaliente el horno a 180°C.

Destape el vaso de la licuadora y agregue azúcar y vainilla. Mezcle otro minuto.

Pele las peras, quíteles las semillas y el cabo y córtelas en sextos o en octavos.

Tome una fuente para mesa que sea apta para horno y enmanteque el fondo. Ponga un poco de la mezcla en la fuente y distribúyala como para cubrir el fondo y los laterales.

Lleve la fuente al horno solo hasta que la masa forme una capa firme y uniforme. Esto permite que al apoyar las peras éstas no toquen el fondo y al desmoldar o cortar porciones el piso de la tarta queda más presentable.

Disponga las peras concéntricamente en la fuente y cubra con el resto de la masa.

Espolvoree azúcar sobre la superficie.

Lleve al horno durante 45 minutos aproximadamente.

El clafouti se sirve frío o tibio con o sin bocha de helado, con o sin azúcar impalpable. Dicen que hay gente que lo acompaña con whisky.

Que no se le vaya a ocurrir usar un molde de piso removible con la idea de presentarlo desmoldado. La masa es muy líquida y si se le llega a escapar del molde el resultado será un asco.

Irish Soda Bread

Pan de bicarbonato sería un título muy poco atractivo, pero así en inglés al menos le tienta leer hasta acá, que es donde le digo que se trata de un pan que no requiere levadura, no requiere amasado y que hasta un croto sin balanza puede hacerlo.

Claro que hay algún truco, porque si no hay gas de fermentación por las levaduras, no hay burbujas y si no hay burbujas no hay miga. Sin miga, no hay pan ni Hansel y Gretl.

El gas generado por las levaduras se reemplaza con el generado por la reacción química de un ácido con una base, uno de los productos de esa reacción es el deseado y necesario gas.

El ingrediente que cumple la función de base es el bicarbonato de sodio. El ingrediente que cumple la función de ácido es *butermilk*, que no suele ser fácil de conseguir, pero no es muy problemático, porque lo podemos reemplazar fácilmente con leche y jugo de limón.

Precaliente el horno a 200º y prepare una bandeja enmantecada y enharinada o cubierta con papel manteca.

Mezcle 375 ml de leche entera con el jugo de medio limón. Deje reposar unos quince minutos.

Ponga en un bowl 250 g de harina 000 y 250 g de harina integral. O cualquier otra proporción que le guste. No importa mientras sea más o menos medio kilo.

Agregue una cucharadita colmada de bicarbonato de sodio, una cucharadita de sal y una cucharada de azúcar.

Mezcle todos los productos secos. Si quiere puede agregar nueces o pasas de uva.

Lo que sigue se tiene que hacer *rápidamente*. Si se demora se agota la reacción química que produce gas y el pan resultante será un asco, porque no habrá miga.

Vuelque la leche con limón en el bowl y haga una pasta hasta que la masa quede de una pieza. Si no le puede dar forma de bollo en el bowl, llévela a la mesada enharinada y fórmela con las manos sin amasar, sinó simplemente compactando. Este es un gran momento para recordar que *lo mejor es enemigo de lo bueno*. En menos de un minuto tiene que tener algo que se asemeje a un bollo.

Pase el bollo a la bandeja enmantecada-enharinada y hágale una cruz con un cuchillo hasta la mitad de la altura más o menos.

Cocine en el horno a 200ºC unos 35 minutos. Deje enfriar en una rejilla para que no se humedezca la costra de la base.

Este pan es para comer en el día. Envejece bastante mal, pero es el acompañamiento tradicional del Irish Stew. O para ponerle manteca.

Rigatoni-Carciofi-Pancetta

El alcaucil o alcachofa es un gran-gran invento con un gran-gran defecto: La cynarina que contiene tiende a atontar los receptores de sabor en la lengua, por lo que todo lo que se ingiera luego de un bocado de alcaucil sabrá extraño y anormalmente dulce. El efecto es particularmente notable y molesto con el vino. Tan difícil es maridar vino con alcachofa que más de cuatro se rindieron, abandonaron el vino y en su lugar toman Cynar.

Ahora, dirá usted, ¿No hay forma de domesticar el alcaucil y poder seguir comiendo con vino, como Dios manda? Un método que funciona es encerrar el alcaucil con otros locos como él. De este modo, no puede asesinar al vino pero puede aportar sabor y textura. Para ver si es cierto, usted puede hacer el siguiente experimento para dos científicos: Ponga el horno a todo lo que dé. Hierva unos 250 g de rigatoni hasta que estén al dente o un poco antes. Aparte, en una sartén grande, rehogue 100 g de panceta cortada en bastoncitos en una cucharada de aceite de oliva. En ese aceite enriquecido ablande una cebolla cortada finita-finita y dos dientes de ajo. Ahora agregue unos ocho corazones de alcauciles cortados en sextos u octavos. Para acelerar la obtención de resultados experimentales puede utilizar alcauciles en conserva. Rehogue los corazones de alcaucil un par de minutos. Agregue un vaso de leche entera, un vaso de crema de leche y unos 50 o 70 g de parmesano rallado. Si arrancó todo junto, la pasta ya tiene que estar lista. Cuele y lleve a la sartén. Mezcle todo bien sin romper los rigatoni y lleve todo a una fuente para horno. Ponga dos[22] bochas de mozzarella cortadas en láminas sobre la pasta. Cubra con una mezcla de pan rallado y parmesano rallado. Lleve al horno durante veinte o treinta minutos, o hasta que gratine.Si gratina antes de los veinte minutos felicite de mi parte al fabricante del horno, pero cubra la fuente con papel de alumino. Indíquele al científico asistente que prepare una botella de vino rosado frío.

Retire del horno, sirva y -con su asistente como testigo y filmando- rompa la costra tostada para poder acceder, visual y olfativamente al segundo punto más caliente de todo el sistema solar.

22 Quien dice dos, dice tres.

Repetir cada dos días, con distintos vinos blancos y tintos, no olvidando registrar los resultados, porque tanto esfuerzo es solamente por el bien de la ciencia y la humanidad.

La Pizza más Complicada del Mundo

En cierta oportunidad, hace ya mucho tiempo, me comentaron que para aprovechar al máximo la superficie del horno y hacer más pizzas por hora, ciertos individuos propugnaban la confección de medias pizzas que habrían de disponerse de acuerdo con el esquema siguiente:

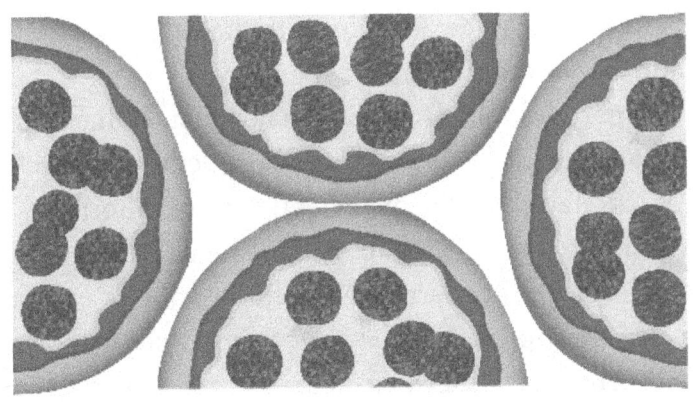

Aprovechando el horno: Pizzas-Medialuna

Si dejamos de lado los detalles de lo difícil de obtener pizzeras con forma de media pizza, del manejo del borde crocante, o lo mal que se lleva la optimización con el queso fundido, el asunto de teselar el plano y optimizar el empaquetamiento no ha de tomarse nunca a la ligera.

Yo voy a hacer algunas suposiciones razonables, del tipo
- Los postulados de Euclides son válidos a las temperaturas reinantes en el horno.

- El problema puede estudiarse en dos dimensiones
- El horno no es un plano infinito
- Una pizza debe ser, como mínimo, del tamaño de un bocado
- Una pizza debe tener borde y algo que llamaré topping o relleno, aunque técnicamente no lo sea. Si es relleno, entonces estamos hablando de tartas, no de pizzas. Y no me busquen que me van a encontrar.

A lo anterior sumaré algunos datos empíricos:
- Mi horno mide unos 400 por 500 mm
- Mis pizzeras miden unos 300 mm, y bien pueden considerarse chicas para una pizza de pizzería.

Con esas dimensiones de horno, la pizza más grande que se puede cocinar de una sola vez es de 200 mm de radio o 400 mm de diámetro que es el lado menor del horno. Evidentemente.

Si quiero cocinar dos pizzas de un viaje (con el método Pizza-Medialuna), cada una de las pizzas máximas puede medir 160 mm de radio, que es la mitad de la diagonal de un cuarto de horno[23].

El factor de mérito para evaluar la bondad del esquema será el porcentaje de cobertura de la rejilla del horno, que se calcula como el cociente entre la superficie de pizza y la superficie del horno.

El factor o porcentaje de cobertura en los dos casos anteriores es:
- $\pi \cdot (200mm)^2$ / 400 mm $\cdot$ 500 mm = 63% para una sola pizza de 200 mm de radio

y
- $2 \cdot \pi \cdot (160mm)^2$ / 400 mm $\cdot$ 500 mm = 80% para dos pizzas de 160 mm de radio.

Para una sola pizza de 160 mm el factor baja a 40%. Evidentemente.

---

23 El radio tiene que ser, además, menor a la mitad del lado menor del horno.

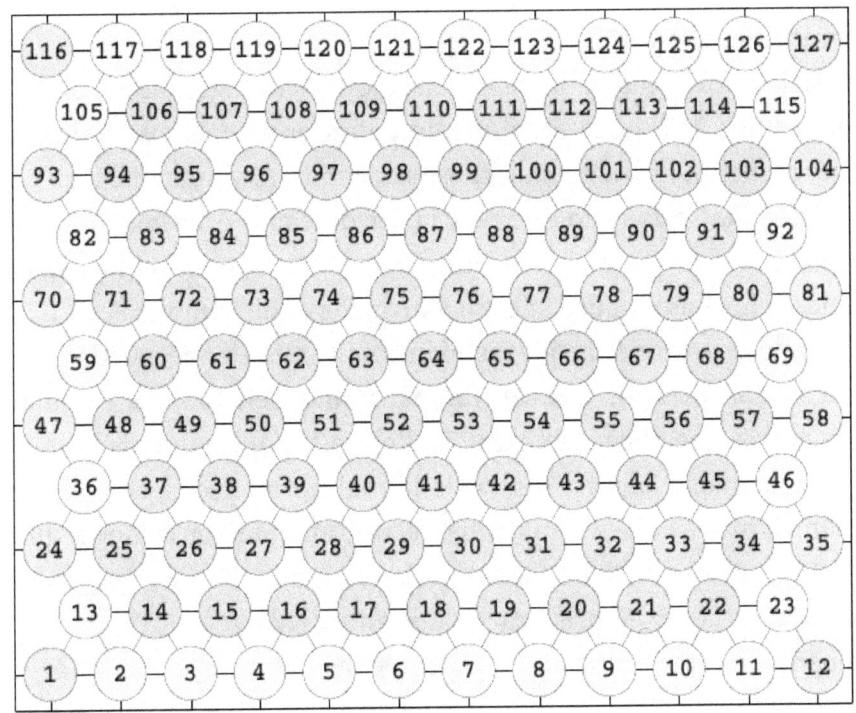

Así se distribuirían 127 pizzitas en un horno de 400x500mm

Ahora bien, sabiendo que el máximo teórico para la cobertura del plano infinito con círculos iguales se da con una distribución centrada en una rejilla hexagonal regular -que a veces se llama tresbolillo-, y es de aproximadamente 90%, creo que es seguro decir que el método de las pizzas-medialuna utiliza el horno de una manera bastante eficiente.

El impulso de mejorar la solución en términos de aprovechamiento del horno, pero también para dar a las pizzas el tan apreciado bordecito crocante, me lleva a proponer primero a la fabricación de una sola pizza rectangular del tamaño del horno, que podrá ser óptima, pero es inmanejable. O bien la solución trivial, que es la de recurrir al infalible método de teselación del rectángulo utilizando rectángulos. El resultado será un conjunto de pizzas óptimas pero desagradables a la vista.

La alternativa de cubrir la rejilla del horno con agradables pizzas circulares nos deja justo en el medio de un problema -hasta donde sé- no resuelto, principalmente si se admiten variaciones en el diámetro de las pizzas, lo que podría ser deseable si las mismas son de tamaño aproximadamente individual y entre los comensales tenemos señoritas de poco apetito y luchadores de Sumo.

Analizando el caso de las pizzas idénticas (hasta donde puedan ser idénticas dos pizzas), que es un poco más sencillo de estudiar teóricamente que el caso general, se llega a la conclusión de que en esas condiciones y con las dimensiones del horno dadas, se podrían cocinar 127 pizzas de 42 mm de diámetro con un factor de cobertura de 86,04%. El aumento de tasa de cobertura de 80 a 86% no parece merecer el esfuerzo de preparar 127 pizzitas.

El tamaño de estas pizzas da -a duras penas- para *finger-food*, por lo que imagino que quizás se podría hacer un negocio ofreciendo catering óptimo en convenciones de matemáticos, especialistas en logística y fabricantes de máquinas envasadoras.

Si me quedara chico el horno, lo que yo haría es armarme una especie de estantes que sirvan para apilar dos, tres o quizás cuatro pizzeras, saliendo de la limitación de las dos dimensiones, o las dos rejillas que suele tener un horno familiar.

Apéndices

Tablas de Equivalencias de Pesos y Medidas

Conversión Fahrenheit - Centígrados

ºF	ºC	ºF	ºC	ºF	ºC	ºF	ºC
10	-12	130	54	250	121	370	188
20	-7	140	60	260	127	380	193
30	-1	150	66	270	132	390	199
40	4	160	71	280	138	400	204
50	10	170	77	290	143	410	210
60	16	180	82	300	149	420	216
70	21	190	88	310	154	430	221
80	27	200	93	320	160	440	227
90	32	210	99	330	166	450	232
100	38	220	104	340	171	460	238
110	43	230	110	350	177	470	243
120	49	240	116	360	182	480	249

Gramos Cucharas y Tazas

Las abreviaturas usuadas son:
- Cr : Cucharada sopera rasa
- Cc : Cucharada sopera colmadas
- cr : Cucharada de postre rasa
- cc : Cucharada de postre colmadas

Las tazas se consideran rasas. Las cucharadas de líquidos solo pueden ser rasas. Evidentemente.

Una cucharada sopera equivale aproximadamente a tres cucharadas de postre.

Un pizca es la cantidad que se puede tomar con la punta de un cuchillo o las yemas de los dedos.

Producto	Cr	Cc	Taza de Té
Aceite	18 g	--	210 g
Agua	20 g	--	220 g
Arroz	19 g	30 g	225 g
Azúcar	15 g	25 g	175 g
Fécula	10 g	20 g	90 g
Harina	15 g	25 g	125 g
Leche	20 g	--	235 g
Queso Rallado	7 g	15 g	60 g

Sabores

En la escuela elemental me enseñaron que los sabores son cuatro y que la uve se llama 've corta'. La pobre letra tiene nombre propio, pero alguien decidió que aprender un nombre más estaba fuera del alcance de una mente infantil.

Actualmente se considera que los sabores, nombrados en orden alfabético, son cinco: Ácido, Amargo, Dulce, Salado y Umami. Si, querides lectores, umami. Significa sabroso o delicioso en japonés y fueron justamente los japoneses quienes descubrieron por que el uso del alga Kombú negra daba sabor a las sopas.

Antes de que se me achaque el olvido del sabor picante, diré que lo picante no se considera sabor, sino que es la sensación de ardor e irritación de la boca y la nariz. El picante del ají se siente en la boca, pero el de la mostaza y el wasabi hace arder la nariz con poco efecto en la boca.

En la cocina se usan varios potenciadores de sabor: Los principales son la sal, el azúcar, y el GMS, Glutamato Monosódico o Ajinomoto que aporta umami.

Mezclas Standard

Bouquet Garnie: es un condimento básico para recetas francesas. Se trata de un manojo de hierbas aromáticas atadas con un hilo que se usa para 'pescarlo' y retirarlo de la preparación y que entra en la elaboración de muchos tipos de guisos, sopas y caldos. Suele estar formado por: Perejil, tomillo y laurel que se usa para envolver el ramillete. Dependiendo de la preparación puede incluir albahaca, oregano, salvia, etc.

Fines Herbes: Hierbas aromáticas, por lo general verdes, que se utilizan recién cortadas o picadas, para perfumar una salsa, aromatizar un queso blanco o cocinar una carne o una verdura salteada. Suelen incluir perejil, cebollino, albahaca, romero, tomillo y laurel , que se utilizan aisladamente o en un ramillete de hierbas aromáticas. Algunos chefs incluyen entre las finas hierbas los tallos de apio o hinojo, e inclusive hongos picados.

Quatre Épices: es una mezcla de especias usada principalmente en Francia, pero presente también en las cocinas de Oriente Medio.

Contiene pimienta molida (negra, blanca o mezcla), clavo, nuez moscada y jengibre. Algunas variantes de la mezcla usan canela en lugar de jengibre. En la gastronomía francesa suele usarse en sopas, estofados, platos de verdura y también en embutidos.

Especias Dulces: Distintas mezclas de canela, clavo, jengibre en polvo, nuez moscada, pimienta de Jamaica, etc., que se usan en principalmente en postres y pastelería, pero también en algunos guisos.

Polvo de Curry: Para empezar, digamos que al llamar curry al condimento en polvo, usted incurre en una presumiblemente involuntaria sinécdoque. Curry en la India es una forma de preparación de alimentos que se condimentan con una mezcla de especies más o menos standard, que en occidente se denominó 'Polvo de Curry', pero que es normalmente conocido como Curry. Si usted es un indio en la India, el polvo de curry se lo arma a su gusto, metiendo su cucharita de bambú en alguno de los mil frasquitos con especias que tiene a mano. Si ese no es el caso, lo más probable es que termine comprando una mezcla ya preparada. La mayoría de recetas de curry en polvo incluyen coriandro, cúrcuma, comino y fenogreco en sus mezclas. Dependiendo de la receta, pueden añadirse también otros ingredientes como jengibre, ajo, semillas de hinojo, canela, clavo, semillas de mostaza, cardamomo verde, cardamomo negro, macis, nuez moscada, pimienta roja, y pimienta negra.

Garam Masala: A diferencia del polvo de curry que se usa para cocinar, el Garam Masala es una mezcla de especias de la más alta calidad, que se usa generalmente en la mesa para espolvorear los alimentos y excepcionalmente al final de la cocción.

Cinco Especias Chinas: El polvo de cinco especias es una mezcla de especias que incorpora los cinco sabores de la cocina china: dulce, ácido, amargo, umami y salado.

La fórmula y composición de este polvo de especias se fundamenta en la filosofía china del balance del ying y el yang en la composición de algunos alimentos. La mezcla consiste en canela de China: cassia Tung Hing (brotes de cassia en polvo), anís estrellado en polvo y semillas de anís, raíz de jengibre, y clavo de olor. Otra receta de esta mezcla consiste en huajiao (pimienta de Sichuan), bajiao (anís estrellado), rougui (cassia), clavo de olor, y semillas de hinojo.

Tabla de Usos y Propiedades de las Especias.

La tabla siguiente es una recopilación de los usos y las propiedades de los condimentos con los que posiblemente se cruce en alguna receta.

Codificación de Colores
Hierbas Aromáticas
Especias
Semillas Aromáticas

Apéndices

Nombres	Sabor Aroma	Usos Principales	Propiedades
Ajedrea	Penetrante, a limón	Legumbres, huevos, salsa de tomate, carne a la parrilla.	Estimulante aperitiva, carminativa, estomacal. Pectoral.
Aji	Picante, aromático	Carnes rojas, guisos, mariscos, pastas	Estimulante de la digestión y la circulación, carminativo y preservativo.
Albahaca	Dulce, cálido, ligeramente especiado, muy aromático.	Pesto y salsas para pastas. Tomates.	Tónico digestivo y nervioso. Carmiantiva. Febrífuga. Antiséptica.
Alcaravea – Comino Alemán Kummel	Aromático intenso, hinojo	Pescado asado, Chucrut, bizcochos, budines.	Estimulante carminativo. Digestivo, antiespasmódico. Tónico hepático. Diurético.
Amapola	Dulce, frutos secos.	Pastelería, zanahorias, coliflor, frutas.	Calmante suave de las vias respiratorias y urinarias.
Anís	Dulce, aromático, inconfundible.	Bizcochos, budines. Manzana asada, compotas.	Carminativo, Digestivo, tónico hepático. Antiespasmódico sedante, pectoral.
Anis Estrellado o Chino	Anisado suave	Compotas, mermeladas, Cocina china.	Estimulante carminativo. Digestivo, antiespasmódico.
Apio	La semilla sabe a tallos de apio amargos.	Mariscos, pescados, guisos, tomate.	Carminativo, digestivo, diurético.
Artemisa	Muy amarga. Emparentada con el Ajenjo.	Pescados grasos, Cerdo, papas, acelga, espinaca.	Estimulante aperitiva, digestiva, diurética, emendoga.
Azafrán	Amargo, aromático.	Arroces, curries, mariscos, postres orientales	Estimulante Nervioso y de la Digestión Aperitivo y Emenagogo.

Nombres	Sabor Aroma	Usos Principales	Propiedades
Borraja	Dulce, herbáceo.	Pepinos, pescados grasos, cordero.	Estimulante euforizante, tónico cardíaco, hepático y nervioso. Diurética, expectorante.
Canela	Dulce, cálida, aromática	Pastelería, curries, guisos, compotas, frutas	Carminativa, Digestiva, Antiespasmódica, Antiséptica, Preservativa.
Cardamomo	Penetrante, a limón	Arroz pilaf, curries, pastelería, melón, pomelo	Estimulante, Digestivo, Desodorante del aliento
Cebollín	Cebolla suave	Sopas y caldos. Cocina china. Dips, mantecas compuestas y quesos.	Reduce el colesterol. Antioxidante. Mejora la circulación.
Cilantro	Intensamente aromático. Citrico y especiado.	Cocina asiática y del caribe. Ceviche.	Estimulante carminativo, Digestivo. Tónico nervioso.
Clavo de Olor	Dulce, amargo Muy aromático.	Pastelería, lentejas, Patès, carne de caza, jamón al horno.	Antiséptico, estimulante de la digestión, carminativo y preservativo.
Comino	Penetrante, cálido, terroso.	Empanadas, guisos, Chucrut. Platos mexicanos y del Norte de África.	Estimulante carminativo, Digestivo, antiespasmódico.
Coriandro	Semillas de Cilantro. Suave, dulce.	Ceviche, Cerdo y jamón al horno, carne de caza. Pasteleria danesa sueca y oriental.	Estimulante carminativo, Digestivo, antiespasmódico.
Cúrcuma	Cálido, suave, aromático	Curry, chutneys, platos orientales, Arroz Pilaf. Lecha dorada.	Tónico hepático, Diurética, Estimulante de las defensas.
Enebro - Junípero	Penetrante, amargo, pino.	Ginebra. Carnes, rellenos.	Carminativo, digestivo, diurético.

Apéndices

Nombres	Sabor Aroma	Usos Principales	Propiedades
Eneldo	Hojas: Similar al perejil. Semillas: Amargo	Pepino, remolacha, Bortsch, repollo, pickles	Carminativo. Contra trastornos hepáticos y renales.
Estragón	Anisado, dulce, picante.	Carne de caza, cordero, pescado. Guisos. Bearnesa, vinagre y vinagreta. Fines Herbes, Bouquet Garnie.	Aperitivo estomacal. Tónico cardíaco y nervioso. Diurético.
Fenogreco	Amargo, ácido, ajo.	Curries, chutneys, cordero. En infusión.	Tónico vigorizante, antiséptico. Desinflamante externo.
Galanga	Jengibre suave.	Platos asiáticos, Curries. Té.	Aperitiva, Carminativa, Digestiva.
Hinojo	Anisado suave	Pescados hervidos, marinadas, lentejas. Gravlax, Panes y roscas.	Estimulante aperitivo, carminativo, digestivo. Antiespasmódico.
Hisopo	Dulce, mentolado.	Carnes y aves de caza, guisos, pasteles de frutas.	Estimulante de la digestión, carminativo. Contra asma y catarros.
Jengibre	Penetrante, especiado, cítrico.	Arroz, curries, cerdo, pastelería, encurtidos, vino caliente. Platos orientales. Chucrut.	Digestivo, Carminativo, Expectorante.
Laurel	Aromático, penetrante	Escabeches, caldos, guisos, marinadas, salsa de tomate.	Estimulante aperitivo, digestivo
Macís	Cáscara de la nuez moscada. Sabor similar.	Cóctel y sopa de mariscos. Batata, coliflor. Pastelería.	Carminativa, Digestiva, Tónico cardíaco y cerebral, Preservativa
Mejorana	Dulce, orégano suave.	Carnes rojas asadas, guisos, mariscos.	Estimulante tónico digestivo y nervioso. Antiespasmódica. Pectoral, contra asma y catarros.

Nombres	Sabor Aroma	Usos Principales	Propiedades
Melisa – Toronjil	Dulce, cítrico	En vino blanco frío, Chartreuse, Frutas, mayonesas, cordero. Infusiones	Carminativa, digestiva, antiespasmódica, sedante. Contra insomnios, jaquecas y palpitaciones.
Menta	Cálido, dulce. Picante, refrescante.	Cordero, pescado asado. Vinagres, infusiones.	Estimulante carminativa, Digestiva, antiespasmódica. Febrífuga, antiséptica.
Merkén	Picante, ahumado	Pescados, papas, guisos.	Estimulante aperitivo, carminativo, Digestivo.
Mostaza	Penetrante, picante, pungente.	Pepinos, pescados grasos, cerdo y jamón al horno. Chutneys, pickles.	Estimulante aperitiva, carminativa, Digestiva. Activadora del páncreas.
Nuez Moscada	Dulce, aromática	Carne, guisos, salsas blancas y para postres. Fondue de quesos. Pastelería. Eggnog	Carminativa, Digestiva, Tónico cardíaco y cerebral, Preservativa
Orégano	Herbáceo intenso, particularmente seco. Levemente mentolado.	Tomates, pizzas, guisos, porotos, pollo, rellenos.	Estimulante carminativo, digestivo, emenagogo. Pectoral, expectorante. Antiséptico.
Perejil	Herbáceo intenso.	Carnes, pescados, tomates, salsas, guisos. Bouquet Garnie. Gremolatta. Tabouleh. Decoración/Color antes de servir.	Digestivo, diurético, emenagogo. Expectorante. Antioxidante.
Pimentón	Penetrante, dulce o picante	Mantecas, quesos, guisos, pescados, papas.	Carminativo, Digestivo, Contiene vitamina C. Preservativo

Apéndices

Nombres	Sabor Aroma	Usos Principales	Propiedades
Pimienta Negra, Blanca o Verde	Penetrante, suave o picante, dependiendo del color o momento de recolección.	Condimento universal, guisos, rellenos, marinadas, carnes. Chutneys.	Carminativa, Digestiva, Febrífuga, Preservativa.
Pimienta de Cayena - Guindilla	Muy picante, especiado	Pescado, mariscos, guisos, marinadas, huevos.	Gran estimulante de la digestión. Preservativa.
Pimienta de Jamaica - Allspice	Especiado, Clavo, canela, nuez moscada	Pastelería, lentejas, Patés, carne de caza, marinadas, Pescados al horno.	Carminativa, Digestiva, Antiespasmódica, Antiséptico notable, Preservativa.
Pimienta Rosa - Aguaribay	Picante, cítrico, aromático	Pescados asados, Carnes, Guisos.	Antiséptica, diurética. Desinflamante y cicatrizante externo.
Romero	Penetrante, aceitoso, aromático. Inconfundible	Carne de aves y cerdo asadas. Hongos salteados. Papas. Infusiones.	Gran tónico digestivo, cardíaco y nervioso. Carminativo, Colerético. Contra la hipertensión. Antiséptico.
Salvia	Aromático, amargo	Pescados grasos, Huevos, carne de caza, pastas.	Estimulante euforizante. Carminativa colerética. Digestiva, astringente, diurética.
Sésamo - Ajonjolí	Dulce, aromático.	Cocina asiática, panes, garrapiñadas, Tahine.	Tónico y reconstituyente cerebral y físico.
Tomillo	Muy aromático	Cordero, Guisos,	Estimulante carminativo. Digestivo, antiespasmódico. Pectoral, diurético.
Vainilla	Aromática, dulce	Cocina mexicana, Postres, pastelería.	Estimulante digestiva. Pectoral, contra catarros.

Apéndices

Tabla de Contenidos

Prefacio 3
Advertencias para la Lectora o el Lector 7
El Peligroso Mundo de la Cocina 9
¿Cómo Hace Uno para no Meter la Pata hasta el Cuadril? 17
De las Herramientas del Oficio de Cocinero Croto 21
Del Material de los Cacharros 21
Del recubrimiento de los Cacharros 27
De la Forma de los Cacharros 27
De Los Cuchillos 29
De los Medidores 31
Caldo-Sopa-Salsa 33
Caldo 33
Caldo Oscuro Rápido 35
Fumet de Poisson o Caldo de Pescado 36
Sopa de Cebolla 37
Honor y Gratitud al Gran Fermento 39
Chucrut 40
Yogurt 42
Comida Rápida o Lenta, pero Buena. 45
Guiso Quieto de Cordero 45
Guiso de Lentejas 46
Locro 48
Tomate 49
Classico Ragu Bolognese 50
Tortilla de Papas Crota 52
De Carne Somos 55

A Mis Amigos Vegetarianos	55
¿Por qué Cocinamos la Carne? ¿Eh?	57
Horror Vacui	58
Milanesa	58
Los Puntos de Cocción de la Carne	58
Cómo Hacer un Bife de Chorizo Cuando el Bife de Chorizo es Así de Alto	60
Carpaccio	62
Exégesis de la Historia del Carpaccio	63
Steak and Kidney Pie Croto	64
Para mí, sin Soda. Gracias	67
Gin Tonic	67
Jarabe de Quinina	68
Avena	69
Atholl Brose	70
Toddy	72
Hot Lemmon Croto	72
Bloody Mary	72
'Tamo al Horno	75
Budín de Pan Croto	75
Clafoutis, Clafouties o Clafoutises	78
Clafouti de Peras	78
Irish Soda Bread	80
Rigatoni-Carciofi-Pancetta	81
La Pizza más Complicada del Mundo	83
Apéndices	87
Tablas de Equivalencias de Pesos y Medidas	87
Gramos Cucharas y Tazas	88
Sabores	88
Mezclas Standard	89

Apéndices

Tabla de Usos y Propiedades de las Especias. 91

www.ingramcontent.com/pod-product-compliance
Lightning Source LLC
Chambersburg PA
CBHW050247220526
45465CB00002B/582